コンテンツは民主化をめざす
表現のためのメディア技術

宮下芳明

明治大学出版会

イントロダクション

　本書は,「表現の民主化」という概念を主軸としながら, それをとりまくメディア技術について解説するものです。「表現」は人間を人間たらしめ, 人間の存在理由（アイデンティティ）にすら関わる要素です。表現活動は人々のコミュニケーションそのものであり, 精神的豊かさの根源でもあります。本書では, 万人のものであるはずの権利を取り戻す, という意味で「民主化」という言葉を使っています。

　メディア技術の発達やインターネットの普及を背景として,「表現の民主化」と呼べるこの現象は, さまざまな領域で進行しています。言論であれ音楽・映像であれ, 今や多くの「プロでない」人々が, 営利を目的としない純粋な表現活動を行っています。それらの創作は互いを触発しあい連鎖的につながりながら, 新たな共創の世界を築こうとしています。このムーブメントは音楽や絵画（イラスト）といった伝統的な表現の世界のみにとどまらず, 料理のレシピやダンスの振り付け, ものづくりや科学技術開発に到るまであらゆるシーンで進行しつつあります。

　そんな今まさに築かれつつある新たな未来を皆さんと語り合うために, 広範囲に起こっている変化をまとめ, わかりやすく伝える必要があると考えました。そして,「表現の民主化という思想」をきちんと「民主化」するために, あえて書籍というメディアを選択しました。

　このことから, 本書は何よりもまず「表現の民主化」という主張をわかりやすく伝え, 理解してもらうということに主眼を置いています。哲学的な文章も, 難解な用語も極力使わないよう心がけたつもりです。そのため多少厳密さを欠いていたり, いささか大げさで強引

に聞こえる箇所も存在しています。読者の中にはそうした部分に何か異なる意見を抱く人もいるかもしれません。ですが，そんな意見を持って本書を読んでもらうことは，新たに生まれつつある思想や時代の流れを論じるために，むしろ大事だと考えています。

　本書で重要な位置づけとなるのが，「表現の道具」としてのメタメディア，コンピュータの存在です。「表現の民主化」という現象が進むその背景には，コンピュータの進化の歴史が密接に関わっています。コンピュータが，視覚や聴覚などの感覚にうったえる表現能力を獲得し，また道具として誰もが使いやすいインタフェースを持ちえたからこそ，一部のプロだけが独占していた強大な表現力を手にできるようになったのです。また，コンピュータはインターネットという世界中とつながる公開・共創の場，交流の場までもたらしました。そして，表現の道具として新たに必要となるソフトウェアやハードウェアさえも創造の対象に取り込み，「表現の民主化」はさらに加速しています。

　こうして広がっていく新しい表現の世界をひもとくために，本書ではまず「表現の民主化」について，ニコニコ動画等で起こっているCGMやN次創作を例にあげながら説明していきます。次に，表現を享受する人間を中心に捉え，その「体験」のベースとなる視覚・聴覚・触覚・味覚・嗅覚といった感覚ごとに，その表現を支えるメディア技術について紹介します。さらに，今度はコンピュータを道具としてみたときに，なぜコンピュータが「誰でも使いやすい」インタフェースを持つに至ったのか，というその技術と思想，発展の歴史について解説していきます。

　本書はこれだけでは終わりません。ここまでは，あくまで実体の

ないものを五感を通してバーチャルに再現するメディアに留まっていましたが，その先にあるメディアとして，表現をユーザーの実体験と融合させたり，主観的な体験そのものにすることをめざした新しい体験型メディアの技術について述べます。また，3Dプリンターなどによって，画面の中だけでなく現実に実在するモノとして創り出す，実世界とつながった次世代の表現，さらに今後巻き起こるイノベーション──受動的消費者が創造的生活者に変容した社会について語っていきます。

そして最後に，ここまでの知識を前提として展開されるディスカッション「CGMから始まるイノベーション──初音ミクが切りひらく未来」を収録しています。これまで起こった表現の民主化の事例をもとに，ものづくりが民主化された世界やそれをとりまく法制度の問題等についてここで討議しています。

巻末の索引をごらんいただければ，いかに本書が広い範囲を対象にして話を展開しているか，想像がつくと思います。一見バラバラなことを話しているようでも，それが同じアナロジーでつながったり，未来を考えるためのヒントになっていく──そういった体験が何度も起こるように，本書を構成したつもりです。

それでは，新しいメディアがどうあるべきか，来たる社会をどのようなものにすべきか，そういった議論を皆さんとするために，どうぞ最後までお読みいただければ幸いです。

目次

イントロダクション..i

第1章 表現の民主化 1
1 CGMとN次創作の世界 4

第2章 聴覚メディア 17
1 音とは何か 18
- 1-1 音のデジタル化 18
- 1-2 音響処理の基本 19

2 音楽制作ツール 21
- 2-1 VOCALOIDの登場 24
- 2-2 ツールのCGM──音声合成ツールUTAU 28
- 2-3 VOCALOIDから派生していく研究 29
- 2-4 CGMとVOCALOID 30
- 2-5 マッシュアップ 33

第3章 視覚メディア ……… 37

1 画像と動画 ……… 38
1-1 画像のデジタル化 ……… 38
1-2 画像処理の基本 ……… 44
1-3 動画とは──仮現運動 ……… 45
1-4 アニメーション ……… 46

2 3DCGの世界 ……… 47
2-1 3DCGとは ……… 47
2-2 3DCG制作の流れ ……… 48
1. モデリング…48／2. マテリアルの設定…50／3. ボーンの設定…51／4. アニメーション…52／5. カメラワークとライティング…53／6. レンダリング…54

2-3 トゥーンシェーディング ……… 55
2-4 パーティクル──粒子の集合 ……… 57

3 プロジェクションマッピングの世界 ……… 59
3-1 原点としてのトロンプルイユ ……… 59
3-2 投影技法と効果 ……… 61
3-3 プロジェクションマッピングの表現 ……… 62
3-4 パフォーマンスにおけるプロジェクションマッピング ……… 68
3-5 プロジェクションマッピングのCGM ……… 70
3-6 HCI/EC分野におけるプロジェクションマッピングの応用研究 ……… 72

4 ゲームコンテンツの世界 ……… 74
4-1 MODツール ……… 75
4-2 ゲームエンジン ……… 78

第4章 その他の五感メディア 83

1 触覚メディア 84
1-1 機械的刺激による触覚メディア 84
1-2 温熱的刺激による触覚メディア 88
1-3 電気的刺激による触覚メディア 91

2 味覚メディア 92
2-1 味覚の原理 92
2-2 味覚メディアと食メディア 95

3 嗅覚メディア 99
3-1 嗅覚の原理 99
3-2 嗅覚ディスプレイ 101

第5章 使いやすいインタフェース 105

1 インタフェース 107
1-1 インタフェースとは 107
1-2 GUIとは 108

2 GUIの革新者たち 110
2-1 アイバン・サザランド(1938-) 110
2-2 ダグラス・エンゲルバート(1925-2013) 113
2-3 アラン・ケイ(1940-) 115

第6章　「実体化」するメディア ……… 121

1　実体験をもたらすメディア ……… 122
 1-1　実世界との連動 ……… 123
 1-2　実世界への侵入 ……… 127

2　パーソナル・ファブリケーション──3Dプリンターの衝撃 ……… 131
 2-1　3Dプリンターとは ……… 131
 2-2　パーソナル・ファブリケーションがもたらすイノベーション ……… 135

第7章　シンポジウム　CGMから始まるイノベーション ……… 141
──初音ミクが切りひらく未来
佐々木渉＋ドミニク・チェン＋毛利宣裕＋中村翼＋宮下芳明

イントロダクション
「受動的消費者」から「創造的生活者」へ ……… 宮下芳明 ……… 142

ノイズとしての「初音ミク」 ……… 佐々木渉 ……… 153

表現者が自由に面白いことができるように ……… ドミニク・チェン ……… 164

パーソナル3Dプリンター革命 ……… 毛利宣裕＋中村翼 ……… 174

ディスカッション
著作権と創作の自由をめぐって ……… 184
佐々木渉＋ドミニク・チェン＋毛利宣裕＋中村翼＋宮下芳明

あとがき ……… 193
索引 ……… 198

第1章
表現の民主化

この本でとり上げる「コンテンツ」という用語は，音楽や映像，ゲームなど，人間によって「表現されたもの」のことです。また，コンテンツを制作・享受するための仕組みやツールのことを「メディア」といいます。たとえばテレビ番組はコンテンツですが，テレビ番組を作るテレビ局は「(マス)メディア」と呼びますし，テレビ受像器も「メディア」と呼びますよね。

　コンテンツ制作の向こう側には，社会現象ともいえるようなムーブメントがあり，私はそれを「表現の民主化」と呼んでいます。この潮流を理解することは，私たち自身の未来を考えるためにも必要なことだと思っています。

　多くの人たちにとって，コンテンツの制作は，ちょっと敷居が高く，またたとえ制作できたとしても，発表の場が限られているものに見えているのではないでしょうか。確かにある時代まで，物事を表現することが許されているのは，ごく一部の専門家，つまりプロの人たちだけでした。小説や評論は小説家や評論家が書いたものを，音楽ならばミュージシャンが作成したものを，一般消費者が読ませていただく，聴かせていただく，そしてかわりにお金を払う，といった図式が成り立っていました。それは表現者＝プロを頂点としたピラミッド型のヒエラルキーとなっていて，一般の人々が自分で何かを表現し，多くの人々を楽しませたいと思っても，実際にはなかなか難しかったわけです。

　そこにはふたつのハードルがあったといえるでしょう。ひとつは「ツール」に関するもの，もうひとつは「発表の場」に関するものです。楽曲制作をしたいと考えても，高価な楽器や音響機器，収録環境はこれまで一般人には手の出ないものでした。ましてや，歌を作っ

て女性ボーカルをプロデュースしたい，などと思っていても，それはひと握りのプロのアーティストにしかできないことでした。CDを制作することも流通・販売させることもなかなかできることではなく，楽曲をリスナーに届けることすら難しいものでした。

　しかし，誰もがツールを手にでき，誰もが発表の場に参加できる「表現の民主化」が起こり，現在はPC 1台あれば，無料，あるいは安価に入手可能なソフトウェアによって簡単に音楽制作ができるようになりました。限られた人にしかできないはずだった「女性ボーカルのプロデュース」についても，それが「初音ミク」であれば誰でも可能になりました。さらに，その音楽をCDにすることも，インターネット上で公開することも容易になりました。少しずれるかもしれませんが，どうしても資金調達が必要ならクラウドファンディングでインターネット上で募ることもできますし，クラウドソーシングで何かの作業を依頼することだってできます。

　もともと表現とは万人の持つ権利です。子供に画用紙を与えれば夢中になって絵を描くことからわかるように，創作や表現は人間の持つ本能に結びついています。特定の世代やコミュニティだけに限りません。地域の公民館でも，近くにお住まいの方による絵画や書道や刺繍が展示されているのを見ることができます。注目すべきは，そのモチベーションが多くの場合，お金のためではないことです。周りの人々をすごいねと驚かせたり，面白いねと共感してもらったり，何かしらの反応を得たいからにほかなりません。インターネットにおいては，ある表現に感動したり驚かされたりしたら，誰でもコメントを残したり，SNSに感想を呟いたり，ブログで記事にすることができます。そんな反響が，表現者たちの新たな創作へのモチ

ベーションになっていくのです。

　インターネットにはこのような事例がたくさん見受けられます。たとえば，かつて選ばれた識者によって一項目ずつ執筆された「百科事典」は，いまや誰もが編集できるWikipediaにほとんどとって代わられました。レシピを創造して発信することはプロの料理研究家にしかできないことでしたが，今やレシピサイト「クックパッド」上に無数のレシピの共創を見ることができます。本書でとりあげるゲームエンジンUnityや3Dプリンターなども「表現の民主化」の事例であり，あらゆる分野でこの潮流が起こっています。

1　CGMとN次創作の世界

　ここでは，ネット上で情報の消費者であるユーザー自らが生成したメディアやコンテンツは，CGM（Consumer Generated Media）あるいはUGC（User Generated Content）と呼ばれています。いまやインターネット上では，文字コンテンツであれ，音楽コンテンツであれ，映像コンテンツであれ，一般の人々による創作であふれています。

　皆さんも，「二次創作」という言葉を耳にしたことがあると思います。オリジナルの一次作品からキャラクターや基本設定などを拝借し，そこから派生するかたちで別の作者が生みだした作品（パロディ作品など）が，二次作品とか二次創作と呼ばれています。

　ネット上では，それらの二次作品の派生作品，すなわち三次作品が存在します。さらに，その三次作品の派生作品としての四次作品も存在します。さらにその四次作品の派生作品として…という

ように，まるで，派生に次ぐ派生が連鎖的に起こり，「N回創作の連鎖が起こった（Nは自然数）」という意味で，濱野智史さんが「N次創作」と命名しています[*1]。

では，CGMがどういった経緯で作られ，そこからどうやってN次創作が派生していくのか，ニコニコ動画に上がっているコンテンツを例に，説明したいと思います。ニコニコ動画というのは，投稿された動画の画面上に視聴者がコメントを付けて楽しむことができる動画共有サービスです。視聴者の反応が直接的に見られるため，CGM発表の場として，とてもよく利用されています。以降の説明は，参照されている作品を実際にPC等で視聴しながら読んでもらえば，よりいっそう理解が深まり，話も面白くなるでしょう。

「Bad Apple!!」という名前の曲があります[*2]。この曲は，もともと「東方幻想郷」というシューティングゲームのBGMでした。

このインストゥルメンタル曲をもとにして，さまざまなN次創作作品が生まれました。オリジナルはテンポの速い電子音のゲームサウンドでしたが，まずこの音楽「Bad Apple!!」の二次創作として，ボーカル・アレンジした「歌」が，2008年1月にアップロードされ，人気を博しました[*3]。

[*1] http://artscape.jp/study/rekishi/1207202_2747.html
[*2] Bad Apple!! feat. nomico（2008.01.19）
http://www.youtube.com/watch?v=FwzFqUjM0q4
[*3] Vocal: nomico, Circle: Alstroemeria Records
【Alstroemeria Records×Bad Apple!!】－Bad Apple!! feat. nomico－
（2008.01.19） http://www.nicovideo.jp/watch/sm2077177

[図1]【UP主が見たい】Bad Apple!! PV【誰か描いてくれ】

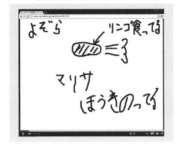

このバージョンでは歌詞が追加されていることはもちろんのこと，曲自体もボーカルに合わせてバンド演奏風にアレンジが加えられています。なお，この歌を投稿したユーザーはいくつかのイラストを歌に合わせて映し出すという形式で投稿していましたが，この動画にはまだ映像と呼べるほどのものはついていませんでした。

そんな中，「【UP主が見たい】Bad Apple!! PV【誰か描いてくれ】」という不思議な動画が公開されます（[図1]）[*4]。ここでいう「UP主」は，その動画を投稿したオーサー（投稿者）のことで，タイトルの前後についている【　】を整理すると，「俺は『Bad Apple!!』のこういうプロモーションビデオが見てみたい。誰か描いてくれ」といった意味になるでしょうか。

これはどういう動画かというと，汚い手書きの文字で書かれた紙芝居のようなものでした。映像作品を制作する際に作品のイメージを監督がスタッフに伝える絵コンテの類といえるのかもしれませんが，この動画には絵と呼べるほどのものはなく，音楽に合わせて指示が延々と文字で出てくるだけなので，「字コンテ」と呼ばれていました。

---

*4 ───【UP主が見たい】Bad Apple!!　PV【誰か描いてくれ】（2008.06.08）
http://www.nicovideo.jp/watch/nm3601701

まず大写しで手書き文字で書かれたキャラクターの名前が映されます。「なんだこれ？」と思っていると，やはりぞんざいに書かれた「リンゴ投げる」「リンゴつかむ」という文字に，リンゴの絵と手らしきものが描かれた落書き的なコンテが続きます。その後も，背景の部分には「よぞら」とか，地平のあたりには建物の名前などが書かれ，黒く塗りつぶした黒丸には矢印が引かれて，「ほうきのってる」とか「リンゴ食ってる」といった指定が投げやり気味に示されていきます。ほとんどはゲームのファンでなければわからないようなキャラクターのいい加減な愛称が，曲に合わせて表示されるだけです。

　クオリティのみに着目するならば，何も評価するべきところのない動画です。ニコニコ動画には，視聴者がその動画に対してコメントできる機能があるので，この動画に対しても，そのいい加減さにツッコミを入れてみたり，「w」（waraiとローマ字で書いた場合の頭文字。文章でいえば「（笑）」に相当する）という文字を大量に打ち込んだりしていました。この動画をコメント付きで見ていると，制作者のボケに対して視聴者がツッコミを入れているという，お笑いのような関係ができあがっていることがわかります。クオリティの低さやいい加減さも，作者の側にある，「絵なんか描けないけどこんな適当なこと勝手にやっちゃった」といったスタンス込みで見ると，何ともいえない不思議な面白みを帯びてきます。

　さて，ふつうなら笑って終わるだけの動画になっていたはずのこの字コンテ動画を，なんと勝手に「受注」して，UP主の希望どおりの，しかもハイセンスなPVに仕上げて投稿する人が登場しました（[図2]）[*5]。白と黒で統一された，プロ顔負けの品質の高いアニメーション作品です。おそらく3DCGとしてモデリングするなどの高度な技術

[図2]【東方】Bad Apple!! PV【影絵】

を駆使して映像を作り上げ、最後にあえて白黒二値の平面的なアニメーションに落とし込んだのでしょう。

　動画を再生するとまず曲のリズムに合わせて、なめらかに身体を揺らして踊るキャラクターの影絵が現れます。そのキャラクターは手にしたリンゴを宙に放り、箒に乗って空を飛ぶキャラクターが、それを受け取ります。夜空を飛びながらそのキャラクターはリンゴを食べています。地平の向こうには宮殿のような建物が見えます。彼女が食べ終えたリンゴの芯を宙へ捨てると、そのシルエットが、別の踊るキャラクターのシルエットへと変わっていきます。こうして現れるキャラクターたちは、すべて字コンテで指定されていたとおりで、箒に乗って飛んでいるとか、リンゴを食べているとか、夜空が背景であるとか、遠くに宮殿が見えていることなどもすべて字コンテの指定通りです。

　この動画は、影絵による表現であることを非常にうまく利用しており、形状変化が凝っています。舞い落ちる花びらがそのまま舟の底に変わったり、その舟に乗って水面を進むキャラクターのシルエットへと移っていくなど、曲に合わせて流れるように進んでいきます。こうした高いクオリティを維持しながら、タイミングや動きが完璧にもと

*5────【東方】Bad Apple!! PV【影絵】（2009.10.27）
　　　http://www.nicovideo.jp/watch/sm8628149

の「字コンテ」の指示通りであることが、たちまち視聴者の間で話題となりました。ふたつの動画を左右に並べて同時再生し、そのタイミングが一致していることを示す「検証動画」もアップロードされています。

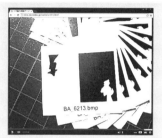

[図3] コマ撮り実験アニメ「6566/6566」【Bad Apple!! PV【影絵】アレンジ】

ここまで、インストゥルメンタルな楽曲（オリジナル）を源流とした派生作品を見てきました。ボーカルアレンジの派生作品（二次創作）ができ、その楽曲のPV案ともいえる「字コンテ」の派生作品（三次創作）ができ、さらにその「字コンテ」をアニメーションにした派生作品（四次創作）ができたことになります。検証動画も創作物ですから、都合五次創作になりますね。

しかし、創作の連鎖はこれにとどまりません。この数千枚にわたるアニメーションを、ひとコマひとコマ取り出してすべて「印刷」し、それをカメラで再撮影するというコマ撮り技法でできあがった作品もあります（[図3]）[*6]。

この動画は、3分40秒ほどの影絵PVの動画を、6566枚の小さな紙に印刷し、それを一枚一枚撮影していくという方法で作られて

[*6] ── コマ撮り実験アニメ「6566/6566」【Bad Apple!! PV【影絵】アレンジ】
（2010.01.28）
http://www.nicovideo.jp/watch/sm9519847

[図4]【邦楽Bad Apple!!】傷林果

います。撮影している作業場も一緒に画面に映り込んでおり、映像のズームやパンに合わせて撮影位置や照明を変えるなどの演出が加えられています。パラパラアニメの中でリンゴを宙に放ると、そのリンゴを追うように紙も宙へと昇っていき、アニメに映る景色の角度が変われば、それを撮影するカメラも角度を変えるので、背景の作業場の景色も一緒にぐるりと回転するなど、あたかも紙という小窓を通してその向こうに見える景色を現実の世界から追いかけているかのような、不思議な映像作品に仕上がっています。

　この作品のほかにも、テクノロジーを駆使してレーザー光線で再現したりと、多くの派生作品が生まれましたが、まだ話は終わりません。2011年8月に、「傷林果(しょうりんか)」と題された謎の動画がアップロードされます。拍子木で幕が開き、貫禄のある邦楽演奏家たちが「Bad Apple!!」を演奏しているのです([図4])[*7]。

　この作品は凝った「傷林果」の題字から始まり、この時点ですでにこれまでの動画とは一線を画す異彩を放っています。幕の下りた舞台の袖から拍子木を打つ袴姿の男性、緞帳が上がると正面に大きく老松の描かれた松羽目の飾られた舞台に、三味線や琴、尺八、

---

*7────【邦楽Bad Apple!!】傷林果（2011.08.01）
　　　　http://www.nicovideo.jp/watch/sm15183453

和太鼓を構えた和装の人物が並び，そこから本格的な邦楽の演奏が始まります。場所もきちんとした劇場を使って撮影されていることがわかります。曲も邦楽にふさわしいアレンジが加えられ，日本の伝統芸能を鑑賞しているような気分になってしまいますが，演奏されている曲自体は，先ほどのと同じ，「Bad Apple!!」なのです。視聴者のコメントからも，激しく困惑しているさまが見てとれます。

いったいどういう方たちなのかとスタッフロールに出てくる人名を調べると，邦楽のベテランの方々が本気で演奏・収録したものをアップロードしたことがわかり，視聴者たちは大いに沸き立ちました。先にも述べましたが，CGMで発表される作品の中には，たまにプロの方もいます。本来はほかに発表する場のない一般の素人の作品が上がることが多いのですが，ふだんの活動の中ではできないような趣味的な作品やN次創作の作品を，プロがCGMというかたちで発表することがあります。もはやConsumer（消費者）ではないと怒られそうですが，これもCGMの面白いところです。

このように，プロの人が混じりまったく違ったかたちのN次創作が現れたことで，そこからインスピレーションを得た人たちが，さらにまた別の新たな創作を開始します。歌詞を書でしたためてスライドショーにした「書いてみた」動画，即興の舞を踊った動画，それを3DCGによるダンスで模倣（モーショントレース）した動画，またそれらを同一画面の中で同期させ，検証してみた動画（[図5]）[8]などです。

ニコニコ動画を中心としたインターネットコミュニティ上では，こう

---

*8 ────【奏＋唄＋舞＋書＋MMD】全て合わせてみた 傷林果 邦楽 Bad Apple!!
http://www.nicovideo.jp/watch/sm16506333

[図5]【奏+唄+舞+書+MMD】全て合わせてみた 傷林果 邦楽 Bad Apple!!

した創作がそれこそ無数に起こっているのです。タイトルの語尾に「〜してみた」とつけられた動画が,ニコニコ動画には膨大にアップロードされています。歌を歌ってみたり,踊ってみたりと,数限りないバリエーションが生まれています。「〜してみた」というタイトルには,素人が思いつきでやってみた「だからあんまり過剰に期待すんなよ」というニュアンスがこめられています。強いインスピレーションを受けて創作への衝動が湧き起これば,素人でも作品制作と公開が行え,そこに多彩な展開が見えることを示してもいます。

こうした潮流は日本だけにとどまりません。2011年に起こったNyan Catブームがあります。オリジナル動画は,ネコが歌っているような短い曲がループ再生され,ドットの粗いアニメーションでネコが飛んでいるだけの動画です([図6])[*9]。独特の中毒性から,オリジナル動画だけで1億回を超える再生数を誇っていますが,これをもとにした大量の派生作品が世界中の国々で生まれました([図7])[*10]。

[*9] ───── Nyan Cat [original]
https://www.youtube.com/watch?v=QH2-TGUlwu4
[*10] ───── Nyan Cat in 205 Countries
https://www.youtube.com/watch?v=XDjWXajHaLQ

こうしたCGMの広がりを意識したプロモーションもあります。テクノポップユニットPerfumeの「Global Site Project」では，こうした派生を狙い，Perfumeが踊るモーションキャプチャ・データやプログラムのソースコードを公開したところ，あっという間に世界中で多様な映像作品が生まれました（[図8]）[*11]。これらの作品は公式サイトで見ることができます。元素材の品質がよいだけに，プロ級のセンスをもった派生作品となっています。

[図6] Nyan Cat [original]

[図7] Nyan Cat in 205 Countries

何かを鑑賞したとき，人はただ作品を楽しむだけではなく，同時にそこから得た発想を何らかのかたちで能動的に表現したい，創作したいと感じるものです。特に二次創作と呼ばれるものは昔から存在し，コミケ（コミックマーケット）のような二次創作やCGMの祭典は，インターネットが普及するはるか以前の1975年からすでに

---

*11———— Perfume Global Site
　　　　http://www.perfume-global.com/project.html

[**図8**] Perfume「Global Site Project」で閲覧できる映像作品

始まっていました。現在もコミケは数万の出展サークルと数十万人の来場者を集める大イベントとなっています。コミケの盛り上がりには，出展サークルへの企業やプロの参加も影響しているかと思いますが，こうしたところからも多くの人々が創作にむける情熱や，それを楽しもうとするユーザーの勢いがかいま見えます。

　もはや，表現は一部の限られた人たちの権利ではなくなりました。CGMが見せる自由な表現の世界は，誰もが創作への熱を持っていて，それを発散させる場や方法を追い求めていることを示しています。

　コンテンツを楽しむということは，単なる消費活動ではありません。それ自体が創造的な活動の一部なのです。自分の受けた感動やインスピレーションを自分なりの表現で他の誰かへ伝えていくことは，コンテンツを楽しむという行為から連続的につながっているの

です。CGMの作品は，プロの作品のようにクオリティや売上といった尺度で評価されるものではありません。ハイクオリティなものもあれば，ふざけているのかと思えるほどいい加減な作品もあったりします。しかし，単純なクオリティの良し悪しに左右されない反響が得られているということは，視聴者がもっと純粋な評価を行っているからなのだと思います。だからこそ，プロさえもが立場を捨ててCGMの場に参加するのだと思います。

　表現の世界は，個人でも実現可能な制作環境と発表の場を得て，少しずつ変化しています。プロを頂点とした表現のヒエラルキーは崩れ，よりよい方向にアップデートされつつあるのです。

第2章
聴覚メディア

1 音とは何か

1-1 ——— 音のデジタル化

　音はご存じの通り，主に空気を媒質とした縦波（疎密波）です。聴覚メディアについて解説するにあたり，まずはこのような音をどうやってコンピュータで扱うかについて説明したいと思います。音をコンピュータで扱うためには，まず空気の振動である音を電気信号に変えるプロセスを経なければなりません。これを実現するのが，おなじみのマイク（マイクロフォン）です。ダイナミックマイクの場合，音波によって震える振動板があり，それがコイルを動かします。コイルというのは，導線をグルグルと螺旋状に巻いた筒です。その中には磁石が通っていて，コイルが動けばその動きに応じてコイルの導線に「発電」が起こります。

　スピーカーから音を出すときはこれと逆のプロセスで，電気によって振動板を動かし，それによって音波を作り出します。スピーカーとマイクは，同じ原理に基づいているのです。

　電気信号をコンピュータが扱うには，デジタル化という処理が必要です。まず，入ってきた電気信号の値を，何万分の1秒という細かい時間間隔で測定していきます。このプロセスを標本化（サンプリング）と呼び，毎秒何回電気信号の値を観測するかの値をサンプリング周波数と呼びます。音楽CDの場合ですと，44.1kHz，つまり1秒に4万回以上サンプリングを行っていることになります。1秒間に4万回も波の高さを取得していれば，飛び飛びの数値の羅列でもきれいな波形とほとんど同じものが再現できます。しかし，もしこのサンプリング周波数をぐっと落として，1秒間に千回ぐらいしか値を

取らなかったとすると，音質が著しく落ちるわけです。

　次に，ここで測定した値を一定の細かさで変換し，デジタルな量として扱えるようにします。この細かさを量子化ビット数と呼びます。たとえば音楽CDの場合だと16ビットであり，6万段階（2の16乗）の細かさで値にしています。量子化ビット数を下げると，粗い目盛りで測定するようなもので，やはり音質が低下します。

　こうしてデジタル情報となった音響は，マイク1本における振動であり，これをモノラル音響信号と呼びます。マイクを2本離れたところに配置して録音したものをステレオ音響信号と呼びます。これを右耳と左耳それぞれで聴くと，左右の広がりを感じられるわけです。さらに多くのマイクによって空間的な音響を記録した「サラウンド音響」もあります。また，44.1kHz/16bitの音質を超えた音データは「ハイレゾ音源」と呼ばれています。

1-2 ─── 音響処理の基本

　音は，縦軸に振幅，横軸に時間の値を取ったグラフで表わせます。この表示法でいろんなかたちの波形を見ることができますが，一方で，フーリエ変換という処理を行うと，縦軸をパワー，横軸を周波数として見ることもできます。どんな波形でもサイン波の足し合わせで記述できる，という理論があるのですが，音がどのような周波数成分で構成されているかを直観的に見ることができます（[図1]）。たとえば太鼓だと低い周波数の成分が多いとか，拍手のような音だといろんな成分の音が混じっている，といったことがわかります。また，楽器の音（楽音と呼びます）を表示してみると，一定間隔でピークをもった形状を見ることができます。

[図1] 音の表示方法（上：波形表示，下：音響スペクトル表示）

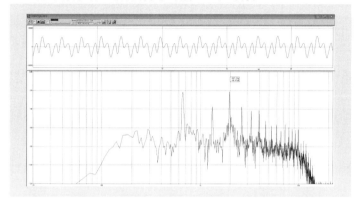

　多くのオーディオ機器に搭載されている「イコライザー」は，この周波数の横軸において，特定の領域のパワーを強めたり弱めたりするものです。これを用いると，低音域や高音域を持ち上げたりして，好みの音に変えることができます。

　最近はもっと高度な音響処理技術があります。たとえば，ローランド社のiPadアプリ「R-MIX Tab」では，周波数とステレオ音響における分布，そして音量のパラメータをもとに，音楽から特定の楽器音を取り出したり，逆に消し去ったりすることができます（[図2]）。ボーカルを取り出してアカペラにしたり，削除してカラオケを作ったりといった自由自在な加工が，今やタブレットでできる時代になってしまいました。

[図2] iPadアプリ「R-MIX Tab」

2　音楽制作ツール

　作曲というと，ふつうは，楽器を弾けるようになるための鍛錬が必要で，楽譜を読む勉強，音楽理論の勉強，絶対音感等々が必要と思われています。もちろんこれを完全に否定するわけではありませんが，楽譜というものは，横軸が時間で，縦軸が音高を表していると思ってざっくり捉えてみると，知識はもたずとも見えてくるものがあります。

　コンピュータで音楽を扱うときには，古典的な五線譜を入出力することもありますが，たいがいはピアノロール（[図3]）という表示法を使います。これは横軸が時間，縦軸がピアノの鍵盤（半音階）になったもので，オルゴールの中身のような記述です。縦軸は正確に音の高さを示し，横軸は正確に時間の長さを示します。

　「ドラムマシン」（[図4]）でも似たような考え方の表示法が採られ

[**図3**] ピアノロール表示の例（SONY ACID Pro）

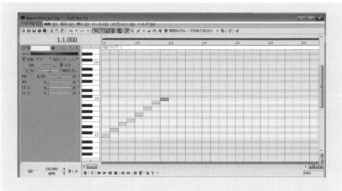

[**図4**] オンライン音楽制作環境 audiotool.com 上でのドラムマシン

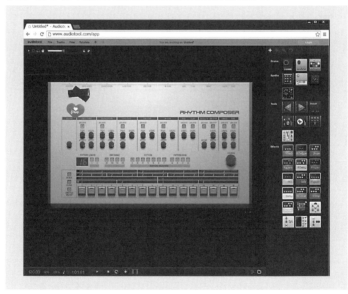

ています。横にスイッチが16個ほど並んでいて，その間隔が正確に時間を表し，スイッチがオン（●）になっているタイミングでだけその打楽器の音が鳴る，というデザインになっています。一番右端まで行くと，左端に戻って一定のリズムを繰り返すループ再生になっています。

いわゆる4つ打ちといわれるハウスミュージック（ダンスミュージック）のバスドラム（低音）の音は，●○●○●○●○というタイミングで鳴ります。ハイハットの音（高音）は，バスドラムが鳴る裏で鳴らします（○●○●○●○●）。こうすると，バスドラムとハイハットが交互に鳴るリズムができます。これに手拍子であるクラップ（中域）を○○●○○○●○といったタイミング（偶数回目のバスドラムと同時）で鳴らすと，身体が上下に動きだしそうなノリのよいリズムになります。

このように，音楽を感覚的に捉えながら試行錯誤で発音タイミングを調整していけば，だんだんと求める表現に近づいていくことができます。前提とされるような音楽知識は必要ありませんし，演奏能力もいりません。

いまや，iPadやスマートフォンでも，音楽制作ソフトを簡単に入手可能です。どれもたいがい横軸が時間で，複数のトラックをもっていて，そこに波形を配置して音楽を作っていくかたちになっています。ドラムマシンで発音のタイミングを調整する要領で，演奏データの断片を並べていけば，簡単に音楽を作れます。無料で体験できるソフトも多いので，ぜひ読者の皆さんにも体験してもらえたらと思います。

シンセサイザー，エフェクター，ミキサーといったプロ用の音響機器も，これらのソフトの中で自由に使うことができます。高価なア

ナログシンセサイザーもシミュレーションされて，実物と寸分違わぬ音を出すことができます。ピアノやバイオリンなどの楽器についても，膨大な録音データを発音する「サンプラー」によって，すべてPC1台の中で扱うことができます。

　こうした音響技術の中でも，人の声を再現することは最難関の課題でした。しかし，ついに上述のソフトウェアと同じ感覚で人の声も扱うことができるボーカルシンセサイザーが実用化されるようになりました。

　次節では，そうしたボーカルシンセサイザー，VOCALOIDについてご説明しましょう。

2-1————VOCALOIDの登場

　「音楽とCGM」というテーマを語るときには，いまやVOCALOID（[図5]），通称「ボカロ」の存在を欠かすことができません。DTM（DeskTop Music）は知らなくても，VOCALOIDという言葉なら知っている人も多いはずです。VOCALOIDはYAMAHAが開発した音声合成エンジンの名称ですが，この技術を応用して作られた製品，または作品などの総称としてもこの名前が用いられています。

　操作は非常に単純で，ピアノロールに合わせて歌詞を並べていくだけで，ボーカルパートやコーラスを作ることができます。VOCALOIDでは音声素片という子音や母音の組み合わせや，鼻音の伸ばし音などさまざまな発音や言葉の組み合わせを実際の人の声から収録して，「歌声ライブラリ」というデータベースを作っています。そこに収録されている音声素片を歌詞とメロディに合わせて合成することで，コンピュータに歌を歌わせているのです。

[図5] VOCALOIDソフトウェアのインタフェース

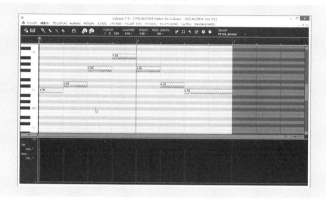

　個人で音楽制作を楽しもうとした場合，ボーカルというパートは往々にして高いハードルになりがちでした。どれだけ豊富なシンセサイザーを揃えて楽曲を作りだしても，歌が下手だったり，声がよくなかったりすれば，どうにもなりません。ですから，コンピュータに自然に人間の歌を歌わせる技術は，多くの人々が待ち望んでいたものでした。

　実は，機械に人間のように歌を歌わせるという試みはかなり古くから研究されています。ベル研究所のジョン・ラリー・ケリー・ジュニアが1961年に音声合成の研究として世界で最初にコンピュータに歌を歌わせたといわれています。この研究成果は，68年に公開されたスタンリー・キューブリック監督のSF映画『2001年宇宙の旅』の中でコンピュータHALが歌うシーンの元ネタにもなっています。

VOCALOIDもそうした系譜から生まれてきたものですが，やはり機械の歌声という印象が強く，利用する人はかなり限られていました。ところが，あるとき転機が生まれます。それが2007年にクリプトン・フューチャー・メディアから発売された「初音ミク」です。

　初音ミクは，藤田咲という声優の声をもとにして，YAMAHAのVOCALOID2の技術を用いて開発された音声合成ソフトウェアです。それまでのVOCALOIDに比べるとかなり自然な歌声に近づいてはいましたが，それでもかなり機械的な印象が残ります。しかし，この初音ミクがVOCALOIDの代名詞となるほどまでに爆発的に普及しました。

　初音ミクがブレイクした大きな要因のひとつは，同時期にサービスを開始した動画投稿サイト「ニコニコ動画」の存在でしょう。視聴者の反響をダイレクトに確認できる発表の場ができたことで，楽曲制作者のモチベーションが大きく向上したと同時に，初音ミクというVOCALOIDソフトが存在することを広く世間にアピールすることができたのです。現在，ほとんどのVOCALOID作品はニコニコ動画で視聴することができます。VOCALOIDとニコニコ動画はお互いの相乗効果で大きく盛り上がり成長してきたもので，切っても切れない関係にあるといえるでしょう。

　また初音ミクには声の帯域や歌声の特徴をわかりやすく提示する目的で，体格や年齢，イメージイラストといった公式設定が作られています。動画サイトに投稿する場合，当然音楽以外にも映像の情報が必要になるため，多くの人たちが初音ミクの楽曲に，これらの設定をもとにした初音ミクのイラストや動画をつけて配信しました。こうしたユーザーの行動によって，初音ミクは徐々に強い個性を持

ったキャラクターへと進化していき，単純に歌を歌ってくれるだけの機械から，仮想空間上に存在するアイドルという扱いを受けるようになっていったのです。

　そうなると初音ミクを使って楽曲制作することは，ボーカルシンセサイザーを使って曲を作っているというより，初音ミクという女性ボーカルをプロデュースしているというように人々の見方が変わってきました。実際ニコニコ動画では，VOCALOIDを使って楽曲制作をする人のことを「ボカロP」（PはProducerの略）と呼び，制作者個人の呼び名も「〇〇P」とPをつけたアダ名で呼ぶことが通例になっています。

　機械的な声と思われていた歌声も，初音ミクという女性ボーカルの個性として認識されるようになっていきました。かつて70年代に，歌声を機械的なものに変換するボコーダーなどの音響機器が流行し，クラフトワークの「ザ・ロボッツ」や，イエロー・マジック・オーケストラの「テクノポリス」などのような曲が生まれてきました。現在も，Auto-Tuneなどボーカル・エフェクターを用いてゆらぎのある人間の声をフラットな波形に変えたり，いわゆる「ロボ声」を使って曲作りを行うアーティストは大勢います。これらの楽曲が意図的に人の声を機械的なものへ変えていたのと対応するかのように，機械的な歌声がポジティブな要素として受け入れられるようになったこともVOCALOID流行の重要な要因でしょう。最近ではVOCALOIDの歌声が好きで，そうした楽曲でないと受けつけない「ボカロ耳」などと呼ばれる人たちも出現しています。VOCALOIDは人間のように歌わせる機械から，ひとつの音楽ジャンルとして認められつつあるのです。

2-2 ───── ツールのCGM──音声合成ツールUTAU

　VOCALOIDは「初音ミク」発売の2007年以降大きく盛り上がり，その後も数多くのボーカルシンセサイザーが発売されました。しかし，こうしてVOCALOIDでの楽曲制作が流行ってくると，既成のVOCALOIDに歌わせているだけでは飽き足りなくなってくる人たちが現れます。彼らは自分の好きなキャラクターや人物に歌を歌わせたい，というワンランク高い創作意欲に駆られて，なんとVOCALOID自体を自分たちで作ってしまいました。

　最初に作られたのは「人力VOCALOID」という技術です。これは目的の人物の歌やしゃべっている台詞などを音節で切り分け，歌詞に合わせて再度連結し，ボーカル補正ソフトなどを併用しながら目的の楽曲に合わせて編集し，VOCALOIDのように歌わせるという，とんでもない作業の末に作品を作り上げるものでした。これは「人力」と称するとおり，ほぼすべて手作業で行うため作業効率が非常に悪く，膨大な時間と手間がかかりました。

　そこで有志により作られたのが音声合成ツール「UTAU」です。UTAUは人力VOCALOIDで行っていた音声の切り貼りや音声の伸縮など，ほとんどの作業を自動化し作業効率や手間を格段に軽減させることに成功しました。このUTAUを用いて，一般ユーザーが開発した音声合成ツールも数多く登場しています。バージョンアップも行われていて，音源も単独音音源から前後の音をつなげて収録した連続音音源が使えるなど技術的にも進化を続けています。

　このように，表現の民主化は，楽曲コンテンツのみならず，その制作ツールにまで及ぶムーブメントとなっているのです。

2-3 ──── VOCALOIDから派生していく研究

　VOCALOIDの技術とそこから広がった新しいネットの世界に刺激を受けているのは，一般のユーザーだけではありません。多くの研究者もまたこれらの世界に魅せられて新たな技術や研究を発表しています。
「VocaListener」（通称「ぼかりす」）という，人の歌い方をVOCALOIDに真似させる技術は，「VOCALOID3 Job Plugin VocaListener」という製品として発売されるに至りました。これはユーザーの歌唱音声から歌声合成パラメータを自動推定するシステムで，いわば歌のモーションキャプチャのような技術です。

　機械的な歌声が特徴ともいえるVOCALOIDですが，実際はなかなかユーザーの思うように歌ってくれないこともあるため，多くのユーザーはより人間らしく自然な歌声に近づけるために，パラメータ調整に苦労しています。VOCALOIDを入力したデータそのままに歌わせた場合，非常に機械的な印象が強い歌声になるので，ビブラートやブレス，しゃくりあげなどの処理を付与することで人間の歌声に近づけるのです。こうした作業はユーザー間で「調教」と呼ばれていて，非常にうまく自然な歌い方をさせることに成功している楽曲は特に「神調教」と呼ばれたりしています。ただ，このような処理を楽曲中の歌声ひとつひとつに対して行うことは非常に手間がかかる作業であり，目的どおりの音に仕上げることも困難です。

　ぼかりすはこうした問題を解決させる技術となる研究です。2008年の研究発表当時の，初音ミクによるデモンストレーション動画をぜひ見てみてください[*1]。こぶしのきいた演歌を歌う初音ミクの声は，

非常に「人間らしく」感じられるのではないかと思います。もはやVOCALOIDはボーカルの代替から主役へと変わりつつあるのかもしれません。

2-4 ── CGMとVOCALOID

　VOCALOIDとCGMは切っても切れない関係にあると話しましたが，VOCALOIDは数多くの派生作品をネット上に生み出しています。ニコニコ動画では作られた楽曲に対して，「歌ってみた」や「演奏してみた」というタイトルで実際にVOCALOIDの楽曲をユーザー自らが歌唱したり，楽器を使って演奏したりする二次派生の動画が投稿されています。またアップロードされた楽曲に対するPV制作なども，楽曲制作者とは別にその曲に感銘を受けた別のユーザーが独自に制作してアップロードしていたりします。

　VOCALOIDは機械の音声であるからこそ，歌い手がアレンジしやすく，これが「歌ってみた」などの派生作品を数多く生み出す原動力につながっています。逆に先ほど説明した「神調教」と呼ばれるように，非常に人間らしく歌わせることに成功したVOCALOIDの楽曲だと，「歌ってみた」のようなユーザーが自ら歌う派生作品が生まれにくい傾向もあるようです。現在はカラオケにも多数のボカロ曲が配信され，高い人気を誇っていますが，これもまた自由な解釈や表現で歌うことが楽しめるためだといえるでしょう。また，これらの「歌ってみた」動画を第三者が合わせることによって生み出され

----

*1 ── 【初音ミク】大漁船【ぼかりす】
　　　https://www.youtube.com/watch?v=Lwz6ZqRXA3k

る「合唱動画」も人気コンテンツになっています。

　こうした創作の連鎖が発生しやすいのもVOCALOID作品の大きな特徴であり，強みともいえます。創作したい，表現したいと望む人たちは大勢いて，しかしその多くの人々はこれまでそうした思いを発散させる糸口を見つけられずに世に隠れていました。それが初音ミクという表現ツールと，ニコニコ動画という発表の場を得て一気に噴出したわけで，これが現在のVOCALOIDを中心としたCGMの盛り上がりといえそうです。

　独立行政法人 産業技術総合研究所は，ネット上で楽曲のつながりを可視化したVOCALOID楽曲視聴サイト「Songrium」（[図6]）[*2]を公開しています。これは楽曲同士のつながりが確認できる「音楽星図」や，発表された楽曲が年代順に泡のように集まってくる「バブルプレーヤ」など，動画群を視覚的に楽しみながら関係性を確認したり，新たな動画との出会いを促進したりできるシステムです。

　音楽星図では，コア作品が恒星となり，そこから派生した作品は，発表時期が早い順に内側の軌道を回る衛星となって星系を形成しています。また，再生数の多い動画ほど大きな恒星，衛星として表示され人気作や関連作品を見つけやすくなっています。他の星系へのつながりも星図のようなかたちで表わされています。

　バブルプレーヤは発表順に楽曲が泡となって集まってくるもので，再生数の大きい動画ほど大きな泡となって表現されています。泡の集まりに巨大な泡が割って入ってくるさまは，その動画がどれだ

---

*2————Songrium
　　　　http://songrium.jp/

[**図6**] VOCALOID楽曲視聴サイト「Songrium」のインタフェース画面

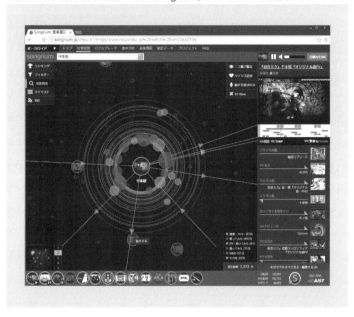

け大きなインパクトをもって登場したかということを視覚的にもわかりやすく表現していて，VOCALOID作品の歴史を非常にエキサイティングに振り返ることができます。また歌声の特徴から動画を探したり，サビの頭にジャンプしたりするなど，面白い機能が数々盛り込まれています。

2-5 マッシュアップ

　ヒップホップでは，楽器を演奏するというよりも，楽曲ないしその一部を素材にして音楽制作をしていきます。このときに欠かせない機材がターンテーブルとサンプラーで，DJは2台のターンテーブルを使ってビートをスムーズにつなげていきます。ただの再生機であったレコードプレーヤーが，音楽を生み出すための道具に変わっていったのは，とても面白い現象です。DJはメロディやリズムをサンプリングして使うことも多いですが，楽器の音をサンプリングして，ビートに乗せて鳴らすだけでも面白い効果が生まれます。

　DJ的な音楽制作の延長として，与えられた素材を再構成して新しい音楽を制作する「リミックス」や，既存楽曲を混ぜ合わせて新しい音楽を制作する「マッシュアップ」といった手法が生まれています。

　特に，マッシュアップは，専門的な音楽知識よりも選曲と組み合わせのセンスが重要になる手法です。すでに発表された楽曲を使用するので，この手法自体が二次創作といえます。著作権の問題をはらんでいるのも事実ですが，マッシュアップで作られたCGM作品も数多くあり，傑作と呼べるものも少なくありません。二次創作的である点や，誰でも制作に挑戦しやすい点などがCGMと相性がいいのかもしれません。

　マッシュアップでは，2曲以上の異なる楽曲のボーカル・トラックと伴奏トラックを取り出してミックスします。そのため明確なメロディラインを持たないラップと，リズムの構成がわかりやすいハウス・ミュージックなどの組み合わせが好まれるようです。

　ニコニコ動画では，2008年ごろから「IKZOブーム」と呼ばれる現象が起こっていて，吉幾三の「おら東京さ行ぐだ」を使った楽曲

が数多くアップロードされています。「おら東京さ行ぐだ」は楽曲の大部分をラップ調で歌う台詞的パートや合いの手で構成されているので，マッシュアップで使いやすい条件を満たしています。

　この曲が発売されたのは1984年ですので，若い方ならリアルタイムで聴いたことはあまりないでしょう。一見すると「なんで?」と不可解にも思えるブームですが，実際作られた楽曲を聴いてみるとこれが非常にどの曲ともマッチしています。もっとも再生数の多い動画は「StarrySky IKZOLOGIC Remix」と題されたもので，100万回以上再生されています。Capsuleとダフト・パンク，そしてビースティ・ボーイズという3アーティストと吉幾三を混ぜ合わせ，時代も雰囲気もまったく異なるそれぞれの楽曲をあつらえたもののように見事に融合させています。こうした奇妙な曲同士のシンクロ具合が面白みを生み，「だったらこの曲でも」と考えて楽曲制作に挑戦する人たちが続出しました。誰かが「面白い，自分も作ってみたい」と思えばそこから次々に新しい作品が作られ，アップロードされてブームが生まれるのも，CGMのひとつの特徴です。

　IKZOブームは吉幾三本人も認識していて，好意的に受け止めてくれているようです。このように本人が公認してくれるケースもありますが，基本的にはマッシュアップという技法にはどうしても著作権の問題がからんできます。

　そこで著作権問題に配慮してマッシュアップが楽しめる仕組みとして提案されたのが，徳井直生氏の開発した「Massh!」（[図7]）です。これは，ウェブ上の音源を簡単にマッシュアップできるシステムで，画面上で曲を輪ゴムで束ねて矢印でつなぐ操作だけでマッシュアップが制作できます。衝撃的なのは，これらの楽曲素材がウェ

[**図7**] マッシュアップツール「Massh!」のインタフェース画面

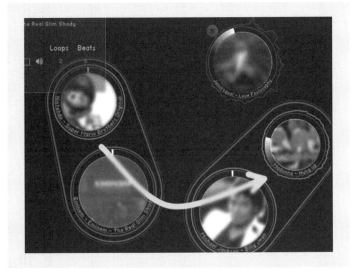

ブ上にある音楽の「試聴部分」である点です。このシステムは，どの楽曲の試聴部分の何秒目から再生するか，という情報だけを保存しています。再生時にはウェブにアクセスしてそこを再生するので，世界中の楽曲をマッシュアップできるにもかかわらず，システム上は何ら不法な楽曲コピーが行われていないのです。

第3章
視覚メディア

この章では，メディア表現としてもっとも強い表現力をもつ視覚メディア・コンテンツについて説明します。3DCGの制作過程や，今非常に注目を集めている視覚メディア，プロジェクションマッピングの世界についても詳しく紹介します。

1 画像と動画

1-1 画像のデジタル化

　音の場合，空気振動をマイクによって電気信号に変え，標本化と量子化という処理を経てデジタル化していましたが，視覚コンテンツの場合も同じような過程で映像をデジタル化しています。

　デジタルカメラはCCD（Charge Coupled Device）あるいはCMOS（Complementary Metal Oxide Semiconductor）などの撮像素子に写すことで，無数の画素の集合体へと変換していきます。これが画像における標本化です。画像が収まる範囲の中には細かい点群が大量にびっしりと並んでいます。この一点一点に光の明暗の情報が収められるのです。この点が細かければ細かいほど，より高精細な画像を記録することができます。カメラの画質を表現するのによく何万画素という情報が表記されていたりするのはそのためです。ほかにも画質を表現するのに解像度という言葉を使いますが，解像度とは1インチあたりに何画素並ぶかという細かさのことを指し，dpi（dots per inch）という単位で表されます。解像度が上がれば，当然データとして必要な容量も大きくなっていきます。

　ひとつの画素にはRGB，つまり三原色の赤・緑・青の三つの色

を感知するセンサーがあります。この三色のそれぞれの明るさのデータが記録されているわけですが，この時点ではまだアナログデータです。この各画素の明るさという情報を，コンピュータでも理解できるようにある範囲の整数値に値を整形します。これが画像の量子化です。量子化も，どれだけ細かい値で表すかによって必要となる容量が変化していきます。

　たとえばこれがひとつの画素あたり1ビット，つまり二色しか容量を取らなければ白と黒のシルエットのような画像になってしまいます。パソコンの画像表示で，フルカラーとか24ビットカラーと呼ばれる設定では，画素ひとつにおけるRGB各色の容量が8ビット（1バイト）になっています。三色分あるのでひとつの画素に24ビット（3バイト）の容量で記録されることになります。24ビットだといったい何色表現可能かというと，2の24乗で約1600万色が表現可能になるわけです。これは人間の眼で識別できる色の限界ともいわれています。

　これらの工程を経て，画像はコンピュータでも取り扱い可能なデジタル画像データになります。このとき，音響データでも同様ですが，どの程度の細かさでデジタル化するかによって，画像データに必要な容量を計算することが可能です。640×480ピクセルの画像の場合，約30万画素となり，これをフルカラー画像で記録した場合，画素ひとつひとつに3バイト必要になるので，画像に必要なデータ容量は640×480×3バイトで922KBとなります。

　現在，家電量販店で売られている4Kテレビの解像度は，横に約4000，縦に約2000のピクセルが並びます。その上の8Kは，7680×4320の解像度です。世の中にはさらに恐ろしく高い解像度をもつ写真もあります。しかし，いくら画質がよくなるといっても，

[図1] ロンドンの360度高解像度パノラマ写真

人間の眼にも，画像を表現するモニタにも限界はあります。そんな大容量の画像データにどういう意味があるのでしょうか。

ロンドンの街並みがぐるりと360度のパノラマ写真として収められているコンテンツを見てみましょう（[図1]）[*1]。一見360度回転できるだけの風景写真ですが，実は路上を歩く人の表情が確認できるくらいまで拡大可能なのです。はるか彼方の観覧車に乗っている人々の姿形まで確認することができます。

またこちらのスタジアムの写真では（[図2]）[*2]，観客席が360度ぐるりと撮影されていますが，観客席に並ぶ人々ひとりひとりが誰かを確認できるまで拡大してみることが可能です。そのことを応用して，観客のFacebookのアカウントを観客の顔にタグ付けできる機能までついています。画素数を上げていくと，今までになかったユーザー体験も提供可能になっていくのです。

---

*1────── ロンドンの360度高解像度パノラマ写真
　　　　　http://www.360cities.net/london-photo-ja.html
*2────── Wembley National Stadium
　　　　　http://wembley360.wembleystadium.com/

360度のパノラマ撮影というものも，非常に簡単に行えるようになりました。これまでの360度パノラマ撮影というと角度を変えながら何枚も写真を撮影して，あとで編集でそれらをつなぎあわせて一枚のパノラマ写真にするといった作業の末に完成するものでした。しかし，2013年にRICOHから発売された全天球カメラ「THETA」（シータ）では，これらの手間をすべて省くことに成功しています（[図3]）。このカメラは，手のひらに収まる程度の薄い板状であり，その裏表両面に円形魚眼レンズを二つ搭載した外観をしています。上から見るとちょうどギリシャ文字の θ のように見えることがネーミングの由来でしょう。

[図2] Wembley National Stadiumの高解像度パノラマ写真

この小さなカメラはただ一度シャッターを切るだけで，360度全天球の撮影が可能です。ひとつのレンズが180度の撮影を行い，カメラ内部で合成して一枚の画像に変えています。撮影した写真はスマートフォンなどへ転送して専用のアプリで鑑賞したり，ウェブにアップロードすることが可能です。一枚の写真を，自分で好きな角度に視点を変更しながら，あたかも見回すような感じで動的に鑑賞することが可能になっています。

[図3] 全天球カメラ「THETA」とその映像

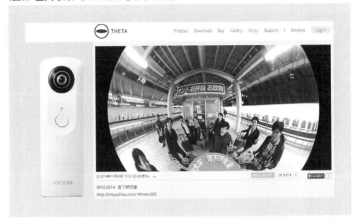

　360度のパノラマ撮影が静止画で可能だということは，動画でも当然可能だということです。THETAは2014年から動画に対応しました。動画を自由に操作して動くものを追いかけたりするのは，非常にエキサイティングな体験です。こういったコンテンツを3万円程度のカメラで誰もが撮影できるというのは，画期的なことだといえるでしょう。

　こうしたパノラマ写真や動画をヘッドマウントディスプレイ（Head Mount Display, HMD）で鑑賞すると，さらに高い臨場感を味わえます。右を向くと右の景色が見え，上を向くと上の景色が見え，本当にその現場にいるかのようです。視界が完全に遮蔽されているので，その世界の中に没入してしまったかのような感覚（バーチャルリアリティ：Virtual Reality, VR）を引き起こしています。

HMDとして有名なのはOculus VR社による「Oculus Rift」(オキュラス・リフト,[図4]),そしてSONYが「Project Morpheus」を発売しようとしています(本書執筆時

[図4] ヘッドマウントディスプレイ「Oculus Rift」

点で未発売)。HMD対応コンテンツにも,市場としての価値が見いだされており,Facebook社によってOculus VR社が買収されるなど,各界からの注目が集まっています。

しかし,実はスマートフォンを箱型のメガネに入れるだけでもほぼ同じことができます。これに着目し,Samsungはスマートフォンを挿入して使うヘッドセット,Gear VRを発売しています。そしてさらに安価(1000円)なハコスコという段ボール製の箱型メガネがあります。スマートフォンを入れると,HMDとほぼ同等の体験が得られます。「右を向くと右の景色が見える」という点についても,スマートフォンに内蔵されている電子コンパスやジャイロセンサで実現できてしまいます。

さらに,100円ショップのルーペと段ボールだけでHMDを自作する100lus(ヒャクラス)というプロジェクトすらあります(http://makershub.jp/100lus)。まさにこれもコンテンツ享受メディアにおける「民主化」の一事例になるのではないかと思います。

1-2 ─── 画像処理の基本

　たいていの写真は，撮影したままの状態では，見ずらかったり，色合いがおかしかったりと，撮影者の意図とは異なっているものです。そこで，画像データを美しく，かつ見やすい最適な状態にするために，画像処理を行います。

　このような操作が行えるフォトレタッチソフトは「Adobe Photoshop」が代表格で，他の追随を許さないほど優秀です。最新の画像処理技術を常に取り入れており，非常に高度な画像処理が行えます。たとえばものに隠れて欠けている部分があった場合，その欠けている部分と類似する箇所を画像内から探しだして埋めるアルゴリズムがSIGGRAPHという国際学会で2009年に研究発表されましたが，その数年後にはその技術がPhotoshopに実装されています。これを使うと，画像内に存在していたはずのものをきれいに消して，最初からなかったかのようにしてしまえるのです。2014年のSIGGRAPHでは，歴史的写真に写る正面向きの飛行機を横向きに変えてしまえる画像技術が発表され，世界中が驚きました（3Dモデルデータベースからの検索を利用しています。［図5］）[*3]こうした最新技術も次世代のフォトレタッチソフトに取り入れられていくに違いありません。

　ただ，Photoshopはとても高価なソフトなので，ちょっと試しに使ってみたい人や手軽に使いたい人には，フリーのフォトレタッチソフトを

[*3] ─── 3D Object Manipulation in a Single Photograph using Stock 3D Models
http://www.cs.cmu.edu/〜om3d/

使ってみるとよいでしょう。中でも、GIMPやPaint.NETなどは有名です。これらも十分すぎるほどさまざまな画像処理が行えますが、プラグインを導入することで機能を拡張していくこともできます。近年は、スマートフォンで動作するアプリのほか、Photoshop Express Editorなどオンライン上のサービスとしてウェブで使えるフォトレタッチツールも存在しています。

[図5] オブジェクトの向きすら修正する画像処理技術

1-3 動画とは――仮現運動

　動画はどのようにして作られているかというと、よく知られているように、パラパラ漫画と同じ原理で作られています。人間の視覚にはちょっとだけ位置のずれた静止画像などを連続して提示されると、それらがつながったひとつの運動として錯覚してしまう特性があります。これを仮現運動と呼びますが、この特性を利用しているのが動画なのです。1878年にエドワード・マイブリッジがカメラを12台並べ、疾走する馬の連続撮影を成功させました。トーマス・エジソンはこれらの連続写真を見たことで、映画を発明することになったといわれています。

　では、どの程度の連続性を持っていれば運動していると感じら

れ，またどこまで離れてしまうと運動とは認識できなくなるのでしょうか。動画のなめらかさは，毎秒何コマの映像を表示できるかによって変わってきます。これをフレームレートと呼びます。フレームレートは1秒間に何回画面を描き換えるかを表すもので，単位はfps（frames per second）です。テレビなどではだいたい30fpsになっています。

　ただ，それだけの静止画をたくさん記録しようとすると，DVDであれBlu-rayであれ，あっという間に記録可能容量をオーバーしてしまいます。それがうまく収まっているのは，動画圧縮技術の力によるものです。動画は連続した静止画像の集まりであるため，隣り合った画像同士はよく似ています。動画圧縮には，この性質が利用されているのです。つまり，すべてのフレームを律儀に記録しなくても，差分だけを記録していけばずっと容量を小さくできるのです。今の動画は，決められた数ごとにキーフレームを設定していて，この部分だけ完全に画像を記録します。そしてその前後に関してはこのキーフレームとの差分情報だけを記録していくのです。これによって動画の容量を劇的に軽減できるようになっています。

1-4 ── アニメーション

　2Dのイラストをアニメーションにする場合，まず思い浮かべるのは，パラパラ漫画のような，ひとコマひとコマ動きを設定していって連続で表示していく方法です。これを「フレームアニメーション」と呼びます。

　前節で，動画を記録する場合，容量を軽くするためにキーフレームを設定して，その間は変化量だけをデータとして記録していると

説明しましたが，同じ要領で，キーフレームとなる部分の画像だけ作って，間の動きはコンピュータに補間させることで自動的になめらかなアニメーションを作る方法があります。これを「トゥイーンアニメーション」と呼びます。これは「Adobe Flash」のソフトウェアなどで簡単に作ることができます。

たとえば，50フレームかけて右から左へ移動するボールをアニメーションで描くとします。フレームアニメーションではフレームごとのボールの位置を50フレームすべてにそれぞれ書き込まなければいけません。しかし，トゥイーンアニメーションでは1フレーム目のボールの位置と，50フレーム目の最終的なボールの位置さえ記録してしまえば，あとはコンピュータが最初の位置と最後の位置をつなぐようなボールの動きを自動で作ってくれます。Flashではこの操作を「モーショントゥイーン」といいます。

また最終的なボールのサイズを変更したり，もしくは形を円から四角形に変更したりすると，最後のキーフレームに設定したサイズや形へなめらかに変化していくアニメーションも作成できます。これはFlashでは「シェイプトゥイーン」と呼ばれています。

コンピュータでは，このような支援機能を駆使して簡単にアニメーションを作っていくことが可能です。

2　3DCGの世界

2-1　3DCGとは

3DCGとは，3次元空間内に仮想的な立体物を配置し，それを

コンピュータの演算によって2次元平面の画像とする手法を指します。これによって奥行き感(立体感)のある画像を得ることができます。「処理プロセスが3次元」であることから3DCGと呼んでいるというわけです。

　3DCGは，物体ひとつひとつを3次元のデータとして作り，空間に配置して光を当て，それをどこから見るかを設定して計算するプロセスによって初めて完成します。手間と時間，そしてコンピュータの処理能力を必要とする世界です。

　ここではそんな3DCGの世界がどのようにして表現されていくのかを説明します。

2-2 ── 3DCG 制作の流れ

　最近のゲームはほとんどが3DCGで表現されているので，ゲームで遊ぶ人たちにとってはおなじみでしょうし，ピクサー・アニメーション・スタジオの制作した3DCG映画も非常に有名なので，何かしらの作品を視聴したことがある人は多いでしょう。あの3DCGで表現される世界がいったいどのように作られているのでしょうか。

〈1．モデリング〉

　まず制作の最初の工程となるのがモデリングです。3DCGは，すべてポリゴンと呼ばれる多角形の微小な面の組み合わせによって構成されています(サーフェスモデル，[図6])。モデリングは，このポリゴンを用いて形状を制作していく作業です。

　正方形の面を六面貼り合わせると立方体になるように，3DCGでは面を組み合わせることでさまざまなオブジェクトを作り上げます。

[図6] ポリゴンによるモデリング

青森ねぶたの山車燈籠は,フレームに張った紙の面で複雑な立体造形を行っていますが,3DCGも基本原理はこれと同じで,オブジェクトとはすべてハリボテなのです。したがって,基本的にオブジェクトは大なり小なり角張っています。現在はとてもなめらかな曲面に見える3DCGもありますが,それも非常に微小な平面の組み合わせで表現されているわけです。曲面をなめらかに表現するためには,ポリゴンの数を増やすか,陰影をなめらかにするスムースシェーディングといったような処理が必要になります。どちらもコンピュータの処理能力を必要とするので,初期の3DCGに出てくるのは,大ざっぱな多面体のようなものばかりでした。

モデリングでは,立方体や球,円錐など基本的な立体(プリミティブ)を手軽に呼び出せます。また回転体は,中心となる軸と回転させる形状を決めることによって簡単に作り出せます。たとえばドーナツのようなオブジェクトを作る場合には,回転軸を設定しそれに対して回転する円を設定すればいいのです。壺のようなものも同じ方法で簡単に作れます。また文字を飛び出させるような「押し出し」という技法や,プリミティブな立体を組み合わせたり,ひねったりなど変形を加えることで必要な形に近づけていきます。

〈2. マテリアルの設定〉

　モデリングされたオブジェクトですが，この状態ではただの形のデータしかありません。球を作り出したとしても，それがガラス玉なのかゴムボールなのかまったくわからないわけです。そこで，そんな質感を表現するために，オブジェクトの表面情報を設定していきます。物の材質によって光の挙動はまったく異なってきます。ガラス球ならば光は透過して向こうが透けて見えますし，鏡面だった場合には光のほとんどが反射してきます。このような光の反射率・透過率・屈折率などを設定していくのです（[図7]）。

　これもガラスや鏡面ならばわかりやすいのですが，ゴムボールや木目のボールなどの場合，光の挙動だけでその質感を表現するのはとても難しくなります。そこでオブジェクト自体に材質を表す画像を貼り付けてしまうという技法がとられます。これをテクスチャマッピングと呼びます。

　これにより，単純な3DCGなら簡単に質感を表現することが可能になりましたが，リアルな質感を追求すると，これも非常に手間と時間と努力が必要となってきます。魚の世界が舞台の3DCGアニメーション映画では，そのメイキング映像で死んだ熱帯魚をスキャナーで取り込んで，その画像をもとにテクスチャを作り出しているシーンがあります。魚の表面では，光の一部が表面を透過しても，その下で散乱するなど非常に複雑な挙動を行っており，これを再現するのはとても困難なことです。最先端のプロの仕事でもオブジェクトにリアルな質感を表現するためには，多大な労力を費やしているわけです。

〈3. ボーンの設定〉

3DCGは単純に静止画撮影に使われることもありますが、ほとんどの場合は動きをもった動画です。このときに必要な工程がボーンの設定です。キャラクター（生物）が動き回る3DCGを作る場合、内部の関節がどうなっているか、骨の形状がどうなっているかを示す情報が非常に重要になってくるのです。犬の3Dオブジェクトを前進させようと前足に動きをつけたとき、もし骨の情報がなかったら、一歩目でいきなり脱臼したような何とも痛々しい動きをすることになってしまうでしょう。

[図7] マテリアルの設定

[図8] ボーンの設定（www.mixamo.com）

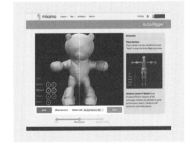

そのため3DCGを動かす場合には、どことどこがつながっているのか、可動部分はどこなのか、関節の可動幅はどの程度か、といった情報が必要になってくるのです。これを「ボーン」設定といいます。ボーンを設定することによって、人間や動物の骨にあたる構造を仮想的に作り出し、リアルで自然な動きを表現することが可能になるのです。いわゆる人体

デッサンでも，身体の中で骨がどうなっているかを意識することはとても大事ですが，それとよく似ています。

　最近はMixamoというウェブサイトにモデルデータをアップロードして，膝や肘の位置を指定するだけの簡単な操作によって，３Ｄモデルにボーンを入れることができます（[図8]）[*4]。動画「【ユニティちゃん】HGベアッガイさんが踊ってみた【3Dキャプチャ】」[*5]では，プラモデルを多方向から写真に撮った上でAutodesk Recap360という無料ソフトで３Ｄモデル化し，Mixamoで関節の位置をクリック指定だけで踊らせるデモを行っています。人と同じ姿をして二足歩行させる3Dモデルなら，あっという間にボーンを入れて，自由自在に動かせるぐらいになっています。

〈4．アニメーション〉

　3DCGのアニメーションは，前節で説明した2Dアニメーションを作る場合とほとんど同じです。キーフレームを設定し，そのキーフレーム間の動きをコンピュータが補間することによって作られます。たとえば片手を上げて左に傾けているポーズを設定し，数フレーム後に右に傾けて上げているポーズを設定すれば，手を振っているように動く3DCGのアニメーションを作り出すことができます。このように，動きにおいて要となるポーズを設定し，そのポーズにつなが

[*4]　　　　　Mixamo
　　　　　　http://www.mixamo.com
[*5]　　　　　【ユニティちゃん】HGベアッガイさんが踊ってみた【3Dキャプチャ】
　　　　　　（2014.12.13）
　　　　　　http://www.nicovideo.jp/watch/sm25110485

るように間のフレームの動きを自動補間していくことで，3DCGのアニメーションも作られています。

　モデリングとか面倒なことはいいから，とにかくキャラクターのCGに動きをつけて遊びたい，という要望を満たすのが，MMDこと「MikuMikuDance」や「キャラみん Studio」といったソフトウェアです。キャラクターとボーンのデータを読み込むことで，設定した舞台でCGキャラクターたちに動きや表情をつけることができます。これらのソフトウェアを使うと，誰でも簡単に3DCGアニメーションを作ることができます。かつて，ダンスの振り付けというのは限られた人しか実践できないことでしたが，これらのツールで多くの人たちがオリジナルの3DCGダンス動画をインターネットに公開しています。

〈5．カメラワークとライティング〉

　これでひと通りの準備は完成したように見えますが，空間を表現する3DCGでは，さらにカメラワークと照明（ライティング）の設定をしないと何も描くことができません。

　当然のことですが，どこにどういった物を置き，どこから照明が当たっていて，どこから撮影しているかを設定しなければ絵にはならないのです。現実に写真撮影をする場合とまったく同じような状況が3DCGの世界に存在しているのです。そのため，キャラクターや背景のオブジェクトなどをシーンに組み込んだ後で，仮想のライトやカメラを配置して設定する必要があるのです。

　ライティングは3DCG映画で担当チームが存在するくらい重要なもので，いくつも技法が存在します。ひとつは点光源（ポイントライト）で，電球のように一点からの光を全方向に放射するものです。ロウ

ソクや蛍の光などもこれにあたるでしょう。この点光源からある程度光の照射角度を限定したものが，スポット光源（スポットライト）です。必要な箇所にのみライティングが行えるように円錐形に照射される光です。

　太陽のような無限遠から来る光を表現する平行光源（ディスタントライト）というものもあります。あまりに光源が遠いと，どの点から光が広がるというよりは，決まった方向全体から届くような光になるのでこのように呼ばれます。

　このように，ライティングではどこから光が来るかというだけではなく，どのように光が広がっていくかといった情報まで含めて設定する必要があります。

〈6．レンダリング〉

　レンダリングとは，できあがった3DCGを動画として書き出す作業を指します。最終的に設定したカメラから見える映像がどうなるかを，光の道筋を追うことによって計算するため，処理に恐ろしく時間がかかります。一般に，リアルな絵を追求するほど計算負担は増大し，レンダリングに必要な時間も長くかかります。

　そのため，処理速度や品質の異なるアルゴリズムを用途によって使い分けることになります。レンダリングのアルゴリズムのひとつ「レイトレーシング法」は，カメラに入ってくる画素一点一点の光について，逆にたどって光源まで戻ることで映像を計算する手法です。

　こうした高品質でリアルな3DCGを書き出すためには，ひと昔前であれば膨大な時間が必要で，待つだけでも作業時間を圧迫する大変な工程でした。しかし，最近はこうした部分のコンピュータの

処理能力も格段に上がっていて，高品質な3DCGをリアルタイムにレンダリングすることも可能になってきています。

3DCGゲームでは，その場その場で映し出される映像を計算してリアルタイムに表示していく必要があります。これはリアルタイムレンダリングと呼ばれます。リアルタイムレンダリングでは品質よりも処理速度が重要なので，基本的には低画質な3DCGが使われることになります。PlayStation2時代のゲームではムービーシーンと呼ばれる，高画質のきれいなCG映像が流れる箇所がありましたが，あれはプリレンダリングといって，あらかじめレンダリングしておいた動画を流しています。そのため，描き出される3DCGの品質に明らかな差が出てしまっていたのです。現在はGPU（Graphic Processing Unit）の処理能力が高まってきたので，かつてプリレンダリングでなければ表現できなかったような品質の3DCGでゲーム自体を遊ぶことができるようになっています。

2-3 ── トゥーンシェーディング

シェーディングとは，レンダリング処理の一部で，物体の陰影を計算して描画する技術です。このシェーディングの方法によって，本来ならば角張ったハリボテのオブジェクトを，なめらかさをもったオブジェクトとして表現することが可能になります。

シェーディングには，「フラットシェーディング」や「スムースシェーディング」といった手法がありますが，これらが写真のようなリアルさ（フォトリアル）を追求したものであるのに対し，ノンフォトリアルな表現，つまりアニメやイラストのような映像を想定して計算しようとする手法もあって，これは「トゥーンシェーディング」（[図9]）[*6]と呼ばれます。

[図9] スムースシェーディング(左)とトゥーンシェーディング

表現においては, フォトリアルが常に最上の表現というわけではありません。見やすさや抽象度を重視したり, またはアニメイラストのキャラクターと重ねて同時に表示するような場合には, アニメ的な表現の3DCGが有効な場面も多々あります。第1章で紹介した影絵の「Bad Apple!!」も, その例のひとつでした。

トゥーンシェーディングは, そうした場合にセルアニメのような効果をつけて3Dモデルをレンダリングする手法です。わざとギャップのある段階をつけたグラデーションでシェーディングを行い, 輪郭線を付与(インキング)することで, セルアニメ風の描画を実現しています。

この手法を用いた有名なコンテンツとして, スクウェアエニックスから2004年に発売された「ドラゴンクエスト8」や任天堂から2002年に発売された「ゼルダの伝説 風のタクト」, レベルファイブが2010年にスタジオジブリとの制作協力のもと発売した「二ノ国」などがあります。これらはフォトリアルな世界の表現をまったく目指しておらず, アニメのような世界観の表現を目指して制作されています。

本書執筆時点では, NHKテレビで「団地ともお」というアニメーションが放映されていますが, 驚くべきことに, この作品は, 背景

---

*6 ──── CMPS160- Intro to Computer Graphics Fall 2011: John T Murray
http://lucidbard.com/cs160/sites/default/files/teapots.jpg

からキャラクターまでのすべてが，3DCGにトゥーンシェーディングを施したものです。不均一な線でインキングし，水彩画のような塗り方をするアルゴリズムを導入することにより，原作マンガの雰囲気に近づけることに成功しています。

2-4 ───── パーティクル──粒子の集合

ここまではポリゴンによってモデリングされた3DCGの話でしたが，この手法では表現することが困難なものも現実世界には数多く存在します。たとえば炎や水，煙などですが，こうしたものはどうやってモデリングしたらいいのでしょうか。

ここで必要となってくる手法が「パーティクル」です。これは微小な粒子の集合とその動作に関するパラメータによってオブジェクトを表現する手法です（[**図10**]）[*7]。パーティクルのパラメータは，毎秒どれだけ発生させるかを決める「出生率」，どのような方向に放出されるかを決定する「拡散」，どれだけ残存するかという「寿命」，そして衝突判定の有無を決める「コリジョン」などがあります。寿命などは花火の表現などで重要で，動きや形状は確率的に制御されていきます。これらを調節していくことで，モデリングでは表現の難しいさまざまな自然現象が表現できることになります。

また，こうした自然現象の表現のための技術は常に進化していて，雲や波の再現など，多様な新技術がSIGGRAPH等の学会で毎年発表され，たいがい同時期にその技術を応用した映画やアニ

---

*7─────── RealFlow Particle emitter 解説－1（共通パラメータ）－3D+
http://3dplus.blog.fc2.com/blog-entry-88.html

[図10] パーティクルによる流体の表現

メ映画なども作られます。SIGGRAPH2013では雪の表現を追求した論文「A material point method for snow simulation」が発表され，その技術がディズニー映画『アナと雪の女王』に用いられました。ほかにも，群衆をパーティクルのように扱えるプラグイン「Miarmy」（[図11]）などは，その改良が行われるたびに，大スケールの合戦映像や，ゾンビの群れなどの表現として映画に生かされたりします。

　ここまで3DCGの技法について述べてきましたが，多くの支援技術こそあるものの，そのどれもが大変な手間と努力を必要とします。その苦労が結局何に費やされているかというと，その作品におけるリアリティの表現です。すべてが作り物の世界である3DCGの世界では，その世界観で自然な動きとは何か，リアルさとは何なのか，何が不自然なのか，それらを判断する洞察力が何よりも重要です。3DCGで何かを表現しようとしたとき，一番ものをいうのは，現実世界をいかに注意深く見ているかという観察力であり，それをもとにして世界を作っていくための根気なのです。

[図11] Miarmyによる群衆シミュレーション

3 プロジェクションマッピングの世界

3-1 ─── 原点としてのトロンプルイユ

ここでは視覚コンテンツの中でも最近特に注目を集めているプロジェクションマッピングについて紹介します。

皆さんは「トロンプルイユ」という言葉をご存じですか？ これは絵画の技法のひとつで，フランス語で「目を欺く」という意味です。要は「だまし絵」のことですね。教会の天井や柱の向こうに景色が続くような絵は，きっと皆さんも見たことがあると思います。これから解説するプロジェクションマッピングは，表現こそ最先端の映像技術を用いていますが，いってみればこのトロンプルイユと目指すものは同じだといえそうです。

この技法の目指す意味は，トロンプルイユの起源ともいえる有名

な逸話を見てみると，明解になってくるでしょう。ゼウクシスとパラシオスという，古代ギリシアの二人の高名な画家のエピソードです。

あるとき二人は腕の優劣を競って一枚の絵画を描き，互いにそれを持ち寄って品評会を行いました。ゼウクシスが自分の絵画にかかるカーテンをどけて作品を披露すると，そこには非常に精巧に描かれた葡萄の絵があり，窓辺にいた鳥が本物と見間違え，それをついばみに飛んできました。ゼウクシスは鳥の目さえもだました自分の絵のほうが優れていると勝利を確信し，パラシオスに「カーテンをどけて君の絵を見せてみろ」と迫りました。ところが，その絵画にかかるカーテンこそが，実物ではなくパラシオスの描いた絵であり，それがこの逸話のオチです。

ただの平面でしかない硬い絵画の板面を，ゼウクシスは複雑に起伏した柔らかい質感のカーテンだと勘違いしてしまいました。この事実に気がついたときのゼウクシスの驚きはどれほどのものだったでしょうか。つまりトロンプルイユとは，このゼウクシスの感じたような驚きと感動を追求したものなのです。

トロンプルイユの歴史の多くは壁画にあります。壁に青空の広がる窓を描いたり，本物そっくりの扉や柱を描いたり，壁面を大理石のような質感に描いたりするのです。キャンバスに窓や扉の絵を描くよりも，壁に直接描いたほうが，見る人は本物と勘違いしやすくなるでしょう。見る人と描かれたものとが空間的なつながりをもって，本来そこにないものをあるように見せかけるのがこの技法の大きな特徴です。

現実と絵画の境界をきわめてあいまいにするトロンプルイユと同じように，プロジェクションマッピングは実物体と投影映像を完璧に

重ねあわせることで，空間ごと作品としてデザインしていきます。さらに，より動的で複雑な表現を用いることで，鑑賞する人々を驚かせるのです。これから紹介していくプロジェクションマッピングの表現によって，より多くの人々が古代ギリシャのゼウクシスと同じように新鮮な驚きに包まれることでしょう。

3-2　投影技法と効果

　プロジェクションマッピングとは，プロジェクターで立体物の面のそれぞれをスクリーンとして映像を投影する技法のことです。このマッピングとは，映像を対象に「貼り合わせる」という意味をもっています。幻灯機やそれを用いたパフォーマンスは数百年前からある古典的技術ですが，それらとまず異なるのは，スクリーンとなる対象が，ビルなどの巨大な建築物から，店舗の壁や車，靴やペーパークラフトの家など，形状やシチュエーションがさまざまであるという点です。実際に存在している立体物に映像を投影することで，たとえば真っ白な靴にさまざまな模様を投影してデザインの異なるスニーカーに見せたり，ビルの壁面の一部が飛び出したり凹んだりと動的に変化させてみたり，家がイルミネーションで飾られているように見せたりなど，現実の中に不思議な世界を表現できるようになります。

　スペインのアーティスト，パブロ・バルブエナが2007年に発表した作品「Augmented Sculpture」では，無機的な立体彫刻の形状にぴったり合わせて輪郭や影を表示し，それを動かすことによって，その彫刻や光源が動いているかのように思わせる表現をしています。

　ここで重要なのは，プロジェクションマッピングが単純な平面に

映像を投影するわけではなく，平らではない立体物に投影を行っているということです。先ほども述べたように，プロジェクションマッピングは，鑑賞者と投影された映像とが空間的につながって存在しているかのように錯覚させるところに特徴があります。つまり，見ている人にこれはプロジェクターによる投射映像だと気づかせにくくし，事実を意識せずに作品に没入できる状況を作らなければならないのです。たとえば靴に模様を投射する場合，靴からはみ出て後ろの地面にまで模様が映し出されてしまったら，見ている人はこれがプロジェクターから投影された映像なのだと興ざめしてしまいます。それを防ぐために，映像はぴったり靴の形状に重なるように投射しなければなりません。

　そのために，まずプロジェクションマッピングでは投影対象となる実物体の凹凸や形状，表面情報をもたせたデータを用意して，投射した際に映像と投影対象が重なり合うように調整します。さらにこれが動く物体だった場合，その動きに合わせて投影し，映像がずれないように調節する必要があります。これらが実現されると，もう見る人には現実と映像の境目が認識できなくなるのです。

　逆に，ただの平面スクリーンでも光源の位置を設定し陰影を映し出すことで，凹んで見えたり，出っ張って見えたりと奥行きや立体感を創り出すこともできます。しかし，見る角度によってはなんの不思議もなくなってしまったり，何を表現しているのかよくわからなくなってしまうという欠点もあります。

3-3——— **プロジェクションマッピングの表現**

　ここでは実際に公開されている作品を例にとって，プロジェクシ

ョンマッピングが表現する世界を見てみましょう。プロジェクションマッピングは見る位置を選ぶ点や，仕掛けが大がかりな点，そして何より鑑賞したときのインパクトの大きさから，プロモーションや，ライブ・パフォーマンスとして利用されることが多いです。

　オランダのNuFormer社では，2008年ごろからプロジェクションマッピングの動画を公開しています。主に巨大な建築物に対して映像投影を行い，明かりのついていない窓に明かりがついているように見せたり，柱自体が発光しているように見せたり，立方体がぼこぼこといくつも飛び出しているように見せたり，さらには建物にヒビが入り崩壊していくように見せるなど，建物全体を使った作品を創り出しています。プロジェクションマッピングで陰影を付与することによって生まれる錯覚を使用して，建物に動的な変化を作って見せています（[図12]）[*8]。

　シドニーのオペラハウスも外装が真っ白なためプロジェクションマッピングのスクリーンとしては最適で，作品公開の舞台として何度も利用されています。海辺ならではの風を表現した作品もあり，オペラハウスがまるで帆を張って作られた建物であるかのように，その表面を柔らかにはためかせてみせたり，風がやんで帆がつぶれ

---

*8　　　NuFormer 3D Video Mapping Projection on Buildings
　　　　https://www.youtube.com/watch?v=O0XKmU5hF5s
*9　　　Vivid LIVE 2012:URBANSCREEN Light Sydney Opera House
　　　　https://www.youtube.com/watch?v=o5ZvCv7yUKk
*10　　　BOX（http://www.botndolly.com/box）
　　　　https://www.youtube.com/watch?v=lX6JcybgDFo

[**図12**] NuFormer社のプロジェクションマッピング

[**図13**] シドニー・オペラハウスでのプロジェクションマッピング

[**図14**] BOT & DOLLY「BOX」

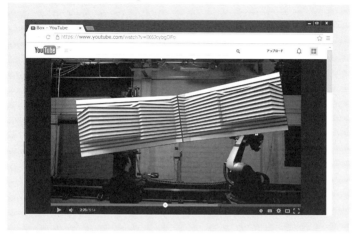

ていくさまを見せたりしています([**図13**])^{*9}。

　プロジェクションマッピングではこのように，表面の質感を変えて見せる演出もよく見られます。硬いはずのものが柔らかく動的にゆらめいて見えるというのは，視覚的にも大きな驚きとインパクトを与えてくれます。

　BOT & DOLLY社は産業ロボットの会社ですが，アームロボット制御の正確さをアピールするためにプロジェクションマッピングを使ったPR映像を制作しています([**図14**])^{*10}。

　この「BOX」というタイトルの作品は，2体のアームロボットがつかんだ板と，プロジェクターの投影映像を正確に連動させて動かすことで，あたかも不思議な箱が中をさまざまな形に変化させながら動き回っているかのように錯覚させてくれます。これはプロジェクショ

ンマッピングですが，映像作品として制作されており，撮影しているカメラアングルも作品に連動して動的に変化しています。つまり，見る角度を選ぶというプロジェクションマッピングの欠点を，完璧に制御された映像作品の中でのみ見せることで解決しています。

　現実とのつながりが重要と話しておきながら映像作品にしてしまうなら，もう単純なフルCGの映像作品や合成映像でもいいのではないか？　と疑問に思う人もいるかもしれません。しかし，緻密に計算された現実の映像は，単純なCG作品や合成映像では味わうことのできない感動を私たちに与えてくれます。わかったつもりで見ていても，鑑賞中は不思議な箱に見えていたものが，最後にやっぱりただの板だったと種明かしされた瞬間は，誰に対しても強烈な体験として胸に刻まれるはずです。

　舞台版『ヒックとドラゴン』は会場全体をプロジェクションマッピングすることにより，非常にダイナミックで迫力あふれる冒険世界を舞台上に作りあげています。ドラゴンのギミックや，人を天井から吊って空を飛ばせる演出は，何もない場所で見たら若干興ざめする光景かもしれませんが，プロジェクションマッピングによって大空を駆けめぐる映像や情感あふれる色彩映像の中で表現されると，作品世界へ没入した感覚が得られます。固定された舞台では，どれだけ多くの大道具を用意して舞台装置を駆使したとしても，シーンの再現には限界があります。そのため多くの舞台作品は，限定された場面でのみ展開していく内容になりがちです。それが舞台というものではありますが，それをより動的でダイナミックに変化するものにしたい，より目まぐるしい変化を舞台に与えたいと考えたとき，プ

[**図15**] 舞台版『ヒックとドラゴン』

[**図16**] Mr. Beam「Living Room」

ロジェクションマッピングという技法は大きな貢献をもたらします（[**図15**]）*11。

メディアアーティストのマイケル・ネイマークは，白塗りの家具に映像を投影する「Displacements」という作品を1980年代に発表していますが，オランダのアーティスト集団「Mr. Beam」がこれをいわばリメイクした作品「Living Room」では，ソファや机などが置かれた真っ白な部屋をプロジェクションマッピングによってさまざまに模様替えするさまを見せてくれています。木目調のシックな部屋から，現代アートチックな模様で飾られたサイケデリックな部屋や，ホラー映画のワンシーンのようなおどろおどろしく汚れた部屋までさまざまに変化させています（[**図16**]）*12。

3-4 ─── パフォーマンスにおけるプロジェクションマッピング

現実と映像との境界をあいまいにする性質があることから，プロジェクションマッピングはライブ・パフォーマンスでも数多く利用されています。人間が映像の中に加わってパフォーマンスをすることで，幻想的でインパクトある不思議な作品世界が生み出されています。

人の加わったプロジェクションマッピングのパフォーマンスは，人間側が映像の動きをあらかじめ覚えておき，映像のタイミングに合

---

*11 ─── How to Train Your Dragon - Live Projections
　　　　http://vimeo.com/43818725l
*12 ─── Mr.Beam - Living Room
　　　　https://www.youtube.com/watch?v＝mCb8f7gz0Ys

わせて動かなければ成り立たないため、非常に演者の負担が大きくなります。なお、動く物体にマーカーをつけ、それをトラッキングすることによって自動で合わせる技術も進歩しています。テレビ番組「SMAP×SMAP」で2014年末に放映された作品

[図17] 顔をトラッキングしてプロジェクションマッピングする「FACE HACKING」

「FACE HACKING」では、リアルタイムでSMAPメンバーの顔をトラッキングし、その顔をロボットや動物に書き換えるパフォーマンスが行われました（[図17]）[*13]。

カンヌ国際広告祭で日本のテクノポップユニットPerfumeの3人をメインに披露されたパフォーマンス「Spending all my time」では、メンバーの衣服と身体をプロジェクションマッピングのスクリーンにして、踊る3人の衣装が幻想的に変化する美しいライブ・パフォーマンスを見せてくれます。人のかたちにきれいに映像を投影し、その周りに投影映像をはみ出させないのは、プロジェクションマッピングの映像世界に没入するためにとても重要な要素ですが、そこにダンスを

---

*13 ——「FACE HACKING」

www.face-hacking.com

する人間を加えるという，難度の高い演出に挑戦しています[*14]。

3-5 ── **プロジェクションマッピングの CGM**

これまではプロによる大がかりで品質の高い作品をとりあげて紹介してきましたが，プロジェクターの購入（あるいはレンタル）の敷居をのぞけば，誰もが挑戦できる表現です。書店にはいくつものプロジェクションマッピング入門本が並んでおり，そのために使用するソフトウェアも無料のものが紹介されています。これらの本を読んで文化祭でプロジェクションマッピングを企画する高校生たちは多いと思います。また，今やスマートフォンやタブレットでプロジェクションマッピングを行うためのアプリもたくさん出ており，それらはアプリストアで検索すれば即入手可能です。

こうして作られた一般の人々によるプロジェクションマッピング作品は，やはりYouTubeやニコニコ動画のサービスで見ることができます。

佐賀県立鳥栖商業高等学校情報処理部が制作した，キャンパスノートを題材にしたプロジェクションマッピング作品は，YouTubeに上げられ，数十万再生の人気を誇る感動的なコンテンツとなっています[*15]。

[*14] ── 【HD】Perfume Performance Cannes Lions International Festival of Creativity
https://www.youtube.com/watch?v＝gI0x5vA7fLo

[*15] ── 高校生がプロジェクションマッピングをやってみた第6弾
http://www.youtube.com/watch?v＝snLGEzpNlYM

[図18]「ピアノにプロジェクションマッピング―ラピュタ・アレンジ」

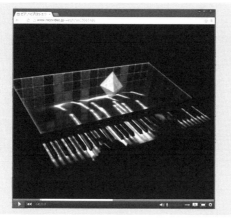

　ニコニコ動画に上がっているコンテンツのひとつ,「ピアノにプロジェクションマッピング―ラピュタ・アレンジ」では,打鍵に応じてインタラクティブに映像を作るプログラムを見せていますが,左斜め後方の固定カメラから撮影したときに,あたかもピアノの前に四角い穴が開いていて,そこに鍵盤からの光が落ちていくような演出を施しています。「演奏してみた」系のコンテンツでも,このようにプロジェクションマッピング技術と連携することによって,さらにその魅力を高めているのです([図18])[16]。

---

*16――――「ピアノにプロジェクションマッピング―ラピュタ・アレンジ」
　　　　http://www.nicovideo.jp/watch/sm25061426

3-6 HCI/EC 分野におけるプロジェクションマッピングの応用研究

プロジェクションマッピングの技術は常に進歩しています。SIGGRAPHというCGの学会でも，投影されるものの色に合わせることで，より正確な色再現を行う研究が発表されています。その一方で，HCI（Human-Computer Interaction）やEC（Entertainment Computing）の分野でもその利用手法について研究が進んでいます。HCIは人とコンピュータが対話しながら，よりスムーズに，より直観的にシステムを利用できるようなデザインを考える研究分野です。ECはその名の通り，コンピュータを使って人を楽しませる技術について考える研究分野です。

パリで開かれた国際学会CHI2013で発表された「IllumiRoom」ではモニタに映るゲーム映像を拡張して部屋全体にプロジェクションすることで，ダメージを受けると空間全体が歪むような衝撃を演出するなど，臨場感や没入感を高める演出を実現しています（[図19]）[*17]。

スコットランドで開かれた国際学会UIST2013では，MITのタンジブル・メディアグループによる「inFORM」という独創的なインタフェースシステムが発表されています。このシステムでは，細長い角材を縦にして一面に並べたテーブルを使います。inFORMは，この細い棒のそれぞれをコンピュータ制御で押し上げたり，引っ込めたりしながら，テーブル上にいろいろな立体構造を生み出していきます。このギミック自体が目を惹き，非常に楽しい研究ですが，こ

[*17] IllumiRoom: Peripheral Projected Illusions for Interactive Experiences
http://research.microsoft.com/en-us/projects/illumiroom/
http://research.microsoft.com/apps/video/default.aspx?id=191304

[図19] ゲーム画面の外にもプロジェクションマッピングを行うIllumiRoom

のテーブルの表面上にプロジェクションマッピングを行うことで，さらに多様な表現ができるようになっています（[図20]）[*18]。2014年にはこの研究はさらに進化し，遠隔で卓上のものを動かすこともできるテレビ会議システムにまで至っています。

　このようにHCIやECの研究分野でプロジェクションマッピングの技術が使われているのは，単なる演出のためではありません。プロジェクションマッピングを使えば，人をとりまく環境に作用することによって，人とシステムのよりよい対話関係をデザインできる可能性があります。また，プロジェクションマッピングによって拡張される

---

*18——— inFORM - Interacting With a Dynamic Shape Display
　　　　http://vimeo.com/79179138

[図20] MITによるインタフェースシステム inFORM

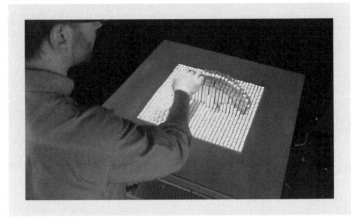

体験は,よりよいユーザーエクスペリエンス(UX)に応用できるに違いないのです。

4 ゲームコンテンツの世界

映像やCGに限らず,ゲームも多くのユーザーが興味を持っている視覚メディア分野であるといえるでしょう。ここではゲームの制作について,少しご紹介していきたいと思います。

そもそも市販のゲームは,多くの人とお金をかけて作られるものであり,それは映画の世界と同様です。しかし,カメラと編集機材

さえあれば自主制作映画が作れるように,ゲームについてもその道は開かれています。PCが家庭用に発売された最初期のころからアマチュア制作のゲームは存在していて,雑誌へのプログラム投稿・掲載によって共創がなされていました。現在では立派なゲーム会社として名の知られている企業の中にも,もともとはそうした自作ゲームの制作から始まっているところもあるのです。

4-1 MODツール

「RPGツクール」のような一般ユーザーでも手軽にゲームが制作できるツールや,「マインクラフト」のような創作を目的としたゲームも発売されていますが,市販ソフトとアマチュア制作のゲームで差が見られるのは否めません。では,市販されているようなリッチな3Dゲームを,一般ユーザーがCGMとして制作して配信することは不可能なのでしょうか? というと,実はこれにも抜け道があって,まずMODというものがPCゲームでは流行しています。

MODとは「Modification」の略で,既存のゲームのデータを解析しその内容の一部を書き換えて改変を加える,いわゆる改造プログラムのことです。ニコニコ動画で「改造マリオ」という,通常のマリオのゲームステージをとてつもない高難易度に改造した動画が流行しましたが,これもMODの一種です。市販品ゲームのバランスやモデルを書き換えれば,本編にはない要素を作り上げてしまうことができます。これらはいわばパッチプログラムとしてゲームソフトに組み込むことで楽しめます。

MODのそもそもの発端は,FPS(ファースト・パースン・シューティング・ゲーム,First Person Shooter)などの銃器を撃ち合うゲームにおいて,

ミリタリーオタクと呼ばれるようなユーザーが,よりリアルな銃声や銃器の形状モデルなどを求めてデータファイルを差し替えるところから始まったといわれています。ユーザーが勝手にゲームデータを解析して改造していたので,著作権的にもグレーな行為でしたが,最近では開発会社が自らMOD制作ツールを配布してMODでゲームを楽しむ環境を整備し盛り上げている事例も多くなってきました。

　MODは,主にそのゲームが大好きな有志のユーザーが,よりゲームを楽しむため制作するものです。インタフェースの向上やシステムの改良,テクスチャの解像度向上,色調補正によるグラフィック改善など,ユーザー側からすると痒いところに手の届く改造が多数行われています。

　しかし,そうした細かい改造だけでなく,ゲーム内に新たなシナリオを作り足してゲームのボリューム自体を拡張するMODもあります。これらのMODの中からは原作への愛ゆえに,なんと本家の開発会社をも凌ぐような大作が生み出されています。2011年にベセスダ・ソフトワークスより発売され世界で1000万本以上売り上げた人気ソフト,「The Elder Scrolls Ⅴ：Skyrim」でも,Creation Kit（通称CK）というMOD開発ツールが配布されていて,数万作という非常に数多くのMODが,ユーザーによって創り出されています。

　中でも「Falskaar」というMODはとても大規模なもので,本編の舞台の3分の1近い広大なマップを新規に制作し,新たな9つのメインストーリーを創り出し,作中のBGMもオリジナルとして作成し,30人近い声優を雇って台詞の収録まで行っています。クリアに要する時間は30時間近くになり,もはやひとつのゲームをまるまる創り上げたといってもいいほどです（[図21]）[19]。

[**図21**] 大規模なMOD「Falskaar」のデモ動画

　人々をさらに驚かせたのが，このMODを創り上げたのが19歳の少年だったという事実です。彼はこのMODの制作に2000時間近い時間をかけたそうです。そして，彼はこれがきっかけで開発元のベセスダ・ソフトワークスに採用され入社を果たしました。

　もはや，どんなものづくりであっても，それは一部の限られたプロだけのものではないということの証左といえる事例でしょう。情熱さえあればどんなものでも作り出せる世界に近づいているのです。

---

*19　　　　 https://www.youtube.com/watch?v=7gJiVKpLPYw

4-2 ゲームエンジン

ゲームエンジンとは，ゲームを作るためのシステムのことです。物理シミュレーションや描画処理を行う土台となり，ゲームに必要な要素，すなわちフィールドを構成する立体モデル，キャラクター，音，動きなどのライブラリから，それらを呼び出し，制作時に活用します。

複数のプラットフォームに対応した汎用ゲームエンジンを使うと，PlayStation4やXbox Oneなど，あらゆるゲーム機向けに書き出すこともできます。こうしたゲームエンジンやその利用ライセンスを外部へ販売する会社もあります。

代表的なゲームエンジンとしては，カプコン「Panta Rhei」，コナミ「Fox Engine」，スクウェア・エニックス「Luminous Studio」，Epic Games「Unreal Engine4」などがあります。ぜひこのゲームエンジンの名前で動画を検索してみてください。ため息が出るような美しい3DCGの「出力デモ」がリアルタイムに動くさまを見ることができると思います。

ゲームエンジンは，これまで企業が多大な労力を費やした資産であるため，いわば「企業秘密」ともいえるものです。そのため，長らくゲームエンジンはクローズドなものであり，一般ユーザーは使うことはおろか，触れる機会すらありませんでした。

そんな折，「Unity」というゲームエンジンが登場します。多くのゲーム機に対応したマルチプラットフォームなゲームエンジンですが，スマートフォンに向けた出力機能まで含めた完全な無料化が2013年に行われました。

読者の皆さんも http://japan.unity3d.com/unity/（[**図22**]）にア

[**図22**] ゲームエンジン「Unity」のインタフェース画面

クセスすることで入手できます。Unityにおいて，たとえばFPSタイプのゲームを作るのは簡単です。マウスクリックで地形を盛り上げ，ドラッグアンドドロップで木々を生やし，カメラを設置してそれがキー入力で動くように設定すれば，たちまちその空間を一人称視点で歩けるようになります。Unityには「アセットストア」なる3Dモデルのライブラリがあり，たとえばここに城を置きたいと思ったら「castle」と検索すると，ユーザーが作成した城のモデルデータが有料・無料でヒットします。これらから気に入ったデザインを選んでドラッグアンドドロップするだけで，あっという間に「ゲーム世界」が生み出せるのです。アセットストアで対象となるのは3Dモデルだけではなく，音声

[図23] 初音ミクと握手するシステム「Miku Miku Akushu」

やUIオブジェクト，さらにはカメラで手ぶれを起こしたりするプログラムまでさまざまです。たとえば都市をモデリングしたデータであれば，インターネットのブラウザ上でその空間を歩き回って動作確認してからダウンロードすることもできます。

　Unityは，Oculus RiftのようなHMDに対応したコンテンツが作りやすいことでも定評があります。初音ミクが目前にいるかのような体験ができる「Mikulus（ミクラス）」をはじめとして多くのコンテンツのCGMが起きており，それらの活動はニコニコ動画上，あるいは「OcuFes（オキュフェス）」というイベントなどで知ることができます。

　「主婦ゆに！」と呼ばれるTwitterのまとめでは，プログラミング経験のない主婦が，Twitter上の助言だけで初音ミクのキャラクターをダンスさせるコンテンツを作るまでのプロセスを見ることができます[20]。

　UnityやOculus Riftを用いた欧米のコンテンツは概して銃器を

---

[20] http://togetter.com/li/601037

撃ちあうFPSであるのに対し，日本のコンテンツは，「Miku Miku Akushu」（近藤義仁氏制作，［**図23**］）[*21]のように初音ミクと握手をしたり，乗馬を体験したり，成層圏までジャンプしたりと，競い合う要素すらもたないものが多いのが特徴です。ゲームエンジンの民主化によって，ゲーム企業が「ゲームらしくない」と思うコンテンツがたくさん生まれて喝采を受けているさまを見ていると，多くのことを考えさせられます。

[*21] Oculus Riftで初音ミクと握手をしてみた - Miku Miku Akushu
https://www.youtube.com/watch?v=HnmgUgPKijc

第4章
その他の五感メディア

音楽は聴覚を利用したメディアであり，映像は視覚を利用したメディアです。コンテンツ表現とはつまり，人の感覚を楽しませる技術なのです。当然ながら，人間の感覚はこのふたつだけではありません。しかし，その他の五感を用いたメディアは，視覚や聴覚を用いたメディアに比べ扱いが難しく，思うように研究開発が進んでいないのが現状です。ここでは，今も研究が進められている光と音以外を利用したメディア・コンテンツの世界を紹介します。そこには，今後の発展が期待されるさまざまな新機軸の技術があり，未開拓の分野が広がっています。

1　触覚メディア

　触覚は，主に皮膚に刺激を与えたときに生起する感覚を指しますが，それらは機械的刺激（物体の振動や圧迫），温熱的刺激（温かさや冷たさ），電気的刺激（電気パルスなどによって起こる触覚），化学的刺激（酸による痛覚的な刺激など）に分類されます。化学的刺激は触覚メディアにほとんど用いられていませんが，その他の刺激を生起させることで触覚の再現が試みられています。

1-1——— 機械的刺激による触覚メディア

　触感提示システムの研究の中で，もっともシンプルで原始的な提示方法が，「振動による触感提示」です。こうした触感は「ハプティクス（haptics）」と呼ばれ，たとえば画面上のボタンを押したときに「押した」感覚を指に与えることができます。これによって，遠隔操

作を行うときにもその臨場感向上に役立ちます。

　たとえば，小型飛行機のパイロットは，機体が失速したとき，操縦桿に伝わってくる激しい振動から機体が危険な飛行状態にあることを感じ取ります。しかし，これが大型旅客機になると，翼と大気との状態で発生する振動が操縦桿まで伝わってきません。そのため，機体が失速して危険な状態にあることを体感できなくなってしまったのです。そこで，このハプティクスの技術が利用されました。機体が失速するなど危険な飛行状態になったとき，それを察知した機械が操縦桿に振動を起こし，パイロットに危険を知らせるのです。

　こうした仕掛けは，私たちの身近ではゲームの演出によく利用されています。ゲーム機のコントローラーやスマートフォンには振動機能が搭載されていて，より臨場感を高めています。Wiiリモコンでテニスゲームをするときにも，リモコンからの音と振動によって「ラケットにボールが当たった」感覚を作り出しています。ゲームでこうした仕掛けを取り入れた歴史は古く，1970年代にはすでにSEGAがアーケード用のレースゲーム筐体で，衝突や接触の衝撃をハンドルの振動によって演出しています。

　これらの仕掛けは，錘のついたモーターを回転させることでさまざまな強さの振動を発生させるという，非常に単純なものです。

　画面上のボタンを押したときの感覚など，2次元タッチパネルに触覚フィードバックを与える研究としての元祖は，NTTドコモマルチメディア研究所の「ActiveClick」というシステムです。電気を振動に変換するアクチュエータをタッチパネルに取りつけ，タップ入力に合わせて短い振動を発生させることによって，クリック感が得られるというものです。

最近では，3次元の入力を対象として，もっと高度な手法でこうしたインパクトやフィードバックを再現しています。東京大学篠田・牧野研究室が開発している空中超音波触覚ディスプレイは，超音波振動子をマトリクス状に並べ，そこから強い超音波を出すことで，圧力を発生させることができます。これにより，たとえばその上に手をかざせば，手のひらを風で押されたような感覚を生起させることができます。

　これを応用した「空中触覚タッチパネル」（[図1]）[*1]は，立体ディスプレイに浮かぶ物体を触ったときの触覚フィードバックを実現するもので，超音波によってそれを実現しています。ブリストル大学も同様の研究を行っており，あたかも空中に見えない球体が浮かんでいるかのように，それを触ることができる体験を実現しています。これは，手の位置を認識できるセンサーと，やはりマトリクス状に並べた超音波振動子の装置を用い，手が触れているはずの場所のみ空気を振動させています。

　対して，Disney Researchが研究しているAIREALという感覚提示システムがあります。まず，ディズニーに研究開発部門があることに驚いた人がいるかもしれませんが，Disney Researchはディズニーのテーマパークや映画で使う3DCGやロボットなどの最新技術について研究開発を行うため設立された，まさに「夢の国」を実現させるための研究機関です。著者らが参加する国際学会でも，毎年の常連として革新的な研究成果を発表しています。AIREALで

[*1] www.dcexpo.jp/5518

は空気砲のようなものを使って，ユーザーの身体の任意の箇所にフィードバックを与える仕組みを模索しています。

[図1] 空中触覚タッチパネル

今は，テレビの前に立つユーザーの身体部位を計測するゲーム用デバイスKinectや，両手や指の位置を認識するLeap Motionというセンサが安価で入手できるので，それらと組み合わせることを念頭に置いています。

これまで，たとえ空中のオブジェクトを表示できても，それを触ったときの感触がまさに「のれんに腕押し」でしたので，表示技術と入力技術がともに進化していくのではないかと予感しています。

ほかにも，ゲームエンジンの節で紹介した「Miku Miku Akushu」にも応用されているゲーム用の力覚フィードバック装置「Novint Falcon」など，市販製品の例がありますが，最後に糸で指をひっぱることで力覚を再現する，東工大のSPIDARというシステムを紹介したいと思います。これは球体を複数の糸でぶら下げ，ユーザーがそれを動かすのに応じてその糸をひっぱることで，指先が何かに当たったような感覚を再現することができます。

これを同じ原理で力覚を提示するマウスにした「SPIDAR mouse」（[図2]）は，一般ユーザーが自作できるように作り方が公開されています。ウェブサイト[*2]を訪れると，組み立て方の動画から

[図2] SPIDAR mouse

Unity用のサンプルプログラムまで、すべて入手可能になっています。デバイスを「民主化」することによって技術の推進を狙っている、というわけです。

1-2 ─── 温熱的刺激による触覚メディア

人の指先には、温度を感じる機能があります。同じ室温であっても、木材と金属では触れたときの温度感が異なります。金属に触れるとひやりと冷たい感じがするのは、物体のもつ温度特性に差があるためです。こうした物体の素材感を演出するために、触れたときの温度感も再現しようという研究があります。

温度を表現するためにもっともポピュラーな素材が、ペルチェ素子です。ペルチェ素子は2枚のセラミックに挟まれた板状の素子です。このペルチェ素子に電流を流すと、片面からは吸熱を行い、もう一方の面からは発熱を起こすようになります。二種の金属接合部で電流を流すと、片方の金属からもう一方の金属へ熱が移動するという「ペルチェ効果」を利用しています。これはつまり片面はすごく冷たいのに、反対の面はものすごく熱いという不思議な温度感を表現できるデバイスなのです。身近なところでは一部の冷蔵庫に

*2 ─── 東京工業大学精密工学研究所 佐藤誠研究室「SPIDAR mouse」
http://sklab-www.pi.titech.ac.jp/blog/introduction/spidar-mouse/

利用されています。またCPUの冷却に使ったりもします。

　便利なペルチェ素子ですが，これを使うことで温度感を演出するメディアが作製できます。著者らは2004年に，ピアノの鍵盤をペルチェ素子に置き換えたキーボード「Thermoscore」を開発しました。これは一列にペルチェ素子を並べたものですが，2次元のマトリクス状に並べれば，温度感覚を伝えるディスプレイになります。また，串山久美子氏らによって2009年に発表された「Thermo-Tracer」は，15mm角のペルチェ素子を80個並べたスクリーンとタッチパネル，そしてプロジェクターを組み合わせた装置です。人が画面に触れている位置をタッチパネルで読み取り，その場所に温度感を伴った映像をプロジェクターで投影できるようになっています。これにより，触れた場所に雪の結晶が現れて冷たくなるとか，炎の表示されているところを触ると熱いといった，映像と連動した温度感覚を楽しめます。

　Thermo-Tracerは，もともとは2006年に発表された「Thermoesthesia」という，50インチのスクリーン上にペルチェ素子のブロックを並べたかなり大きな装置を小型化・発展させたものです。それでもペルチェ素子のサイズは15mmとかなり大きく，多様な映像に合わせて細やかに温度変化を作り出すには，まだ少し難しいのです。Thermo-Tracerの映像出力はプロジェクターによるもので，ディスプレイにペルチェ素子を組み込んだわけではないので，仕掛けとしてはかなり大がかりなものなのです。

　ペルチェ素子は実はかなり高価な素材です。小型化を進めていって並べればディスプレイにすることも可能でしょうが，もしこれを640×480の30万画素で用いようとすれば，それこそとんでもない

値段になってしまいます。現状ではもっとも小さいものでも1mm角サイズなので、ひとつの画素に一ペルチェ素子というのはそもそも無理な話ですが、そんな高価な素材でディスプレイを作るということ自体あまり現実的とはいえません。また電力消費量も非常に大きく、そのあたりもペルチェ素子を用いる上でのネックになっています。

このように、コストの問題から大きく進展できない分野もあります。温度感を表現するメディア技術を進めるためには、もっと安く効率的に温度変化を実現できる素材や方法の研究が必要です。

1-3 ── 電気的刺激による触覚メディア

電気的刺激がもたらすもののひとつに、「静電触感」があります。触感、特に肌触りなど物の質感も電気によって再現することが可能だと考えられます。

この研究で大きな成果を見せているのが、Disney Researchの発表した映像の触感を再現するタッチスクリーンElectrostatic Vibration（旧名：TeslaTouch、［図3］）[*3]です。

Electrostatic Vibrationは画面を撫でる手の位置や動きに応じて、画面上に電圧をかけることで皮膚の受容体に刺激を与え、触感を認識させるシステムです。これによって、たとえば画面に映された地図を撫でると、その地形の高低差を感じることができたり、本棚に並んだ本の背表紙や、三葉虫の化石などガタガタと続く凹凸のパターンや、金属のツルッとした質感やザラザラした質感などを画面に触れるだけで感じることができるのです。

実は「映像による視覚と触覚を組み合わせて知覚している」という部分が大きなポイントです。テレビのバラエティ番組の、箱の中に

[図3] 触感を再現するタッチスクリーン，Electrostatic Vibration

手を入れて中に入っているものを当てる企画で，出演者の人たちが騒いでいるのを見たことがあると思いますが，視覚を用いずに触覚だけをあてにすると，触れているものの質感は何となくわかっても，何に触れているか判断することはかなり難しいものです。逆に視覚から物体の状態を判断した上で触れると，その触感はよりリアルなものとして感じることができるのです。明治大学の同僚である渡邊恵太氏は，マウスカーソルの速度を変えたり震わせることによって触感を錯覚させるVisual Hapticsをデモしています[*4]。ウェブサ

---

*3——Disney Research - Electrostatic Vibration
http://www.disneyresearch.com/project/teslatouch/

イトで体験すると実感できると思いますが，このように触覚は非常にだまされやすい感覚です。

　人の感覚をだますメディアにおいて，視覚と組み合わせて触覚を刺激する仕組みは非常に効果的です。だからといって，このシステムが視覚を用いないと無意味なわけではありません。この技術は，今までただツルッとした画面だったタッチパネルで目の不自由な人に向けたサービスを展開できる可能性も秘めています。近い将来，スマートフォンやタブレットなどにこの技術が組み込まれて，手触りのいいテクスチャが人気のアプリとして登場することになるかもしれません。

2　味覚メディア

2-1 ── 味覚の原理

　人の味覚は主に舌面で感知されますが，味覚は舌の味蕾と呼ばれる部分に存在する味細胞が，味物質を受容することで生じる感覚です。味蕾とは接触性の化学物質受容器官といえます。

　実際には味蕾は舌面以外にも軟口蓋などに少量分布していて，必ずしも舌にだけ存在している器官というわけではありません。ナマズなど一部の魚の場合は体表面に存在していますし，蝶やハエは足の先に味蕾を持っています。ハエがよく足を擦り合わせている

---

*4 ────── 渡邊恵太「Visual Haptics」
　　　　　http://www.persistent.org/VisualHapticsWeb.html

のは，味蕾の掃除をしているからだそうです。

味蕾に存在する味細胞はその名の通り，花のつぼみのような細長い形状をしています。この味細胞は口腔側で味物質を受容し，基底部で味神経に電気的刺激として伝達します。これが脳へ伝わって味覚という感覚が生まれるのです。

動物にとって味覚がなぜ必要なのかというと，それは食べようとしているものが身体に取り入れていいかどうかを判断するためです。

味覚には，甘味，塩味，酸味，苦味，うま味の5つの基本味があります。味覚はこれらの味を感じ取って成り立っており，これら5つの味でその食べ物が身体に与える影響を判別できるのです。

甘味は，ブドウ糖などの主に生命のエネルギー源となる物質から生じる味覚です。甘いという感覚は「エネルギーになるぞ」というサインです。

塩味は金属系陽イオンから生じる味覚です。簡単にいうと，体液バランスに必要なミネラルを供給してくれる物質がもたらす味覚です。このふたつの味覚は，人間が生きていく上で特に重要な物質から生じていて，子供が甘いものを特に好むのも，生き物として当然の反応をしているわけです。

次に酸味ですが，これはクエン酸など，酸が解離して生じた水素イオンから生じる味覚です。これは新陳代謝を促進させる作用があり，肉体疲労を癒やす効果のある物質なので，疲れているときなどに特に欲しくなります。スポーツ飲料によくクエン酸が含まれているのもこうした作用のためです。しかし，酸味にはほかにも腐敗のシグナルとしての意味もあります。動物が腐敗した食べ物を摂取することを避けるために発達した感覚でもあります。そのため，あまり

に酸味の強い食べ物は、口に入れると身体が拒否反応を示します。

　苦味は、毒性のある食べ物であることを警告する味覚です。動物が毒物の摂取を避けるために発達した感覚といえます。カフェイン、キニーネなどが代表的です。珈琲が苦いのはこのためです。薬はどれも基本的に人体にとっては悪い影響を及ぼす毒として判断されてしまい、苦く感じます。ビールが苦いのも身体にいいものではないと判断されているためでしょう。生き物は本能的にこれらの味を避けるようになっています。子供が酸っぱいものや苦い食べ物を嫌うのは、この味覚が主に食べてはいけないものを示す危険のシグナルとして作用しているためです。

　基本味の最後はうま味です。なぜこれを最後に紹介するかというと、他の4つの基本味とは異なり、このうま味は発見が非常に遅れたからです。うま味は主にアミノ酸を判別する味覚です。グルタミン酸ナトリウムやグアニル酸ナトリウムなどから生じる味覚ですが、これらは和食の出汁に多く含まれるものです。欧米ではなじみのない非常に微妙な味覚であり、多くの人々はこれを塩味や酸味と混同していたため、発見が遅れたようです。

　ここまで説明した5つの味覚が基本味と呼ばれるものです。ここで、「あれ？」と思った人もいるでしょう。そう、食べ物にはまだ他にも味覚と呼べるものが存在しています。辛味、渋味などの感覚です。実は、これらは味細胞で感知している味覚ではありません。このふたつの味はどちらも痛覚が反応して得られる味覚なのです。唐辛子に含まれるカプサイシンなどは温度を感じる痛覚が反応しているもので、これが辛いという味覚の正体です。英語で辛いは「hot」と表現されますが、これは偶然とはいえとても妥当な表現だったわけ

です。渋味を引き起こすタンニンは緑茶などに含まれていますが，口腔粘膜のタンパク質と結合して収斂性の感覚を引き起こすことが原因で渋味を感じるのだといわれています。苦味と同類に扱われることが多い感覚です。

　以上，味覚の種類について説明してきましたが，この味覚とはどのようにして発生しているのでしょうか。味刺激の発生メカニズムは，細胞膜で起こる電位の変化，脱分極と呼ばれる現象が原因です。口に入った食材によって電位差は異なるので，それで味覚が分類されていくわけです。

　そこで味細胞でどう受容されるかを計測する味覚センサがあります。これは化学物質がどれだけあるかを測るのではなく，人間の舌で受容するとき，どの程度の刺激を与えるかを測る装置です。これは舌の細胞膜と構造の近い人工の脂質（高分子膜）に食べ物を浸し，舌面上の電位変化を再現することで，そのパターンから味を測定するのです。

　とはいえ，味覚はひとえに光の三原色のようなシンプルなメカニズムで説明できるものではありません。味覚センサを開発した都甲潔先生によると，食べ物の見た目に関わる視覚や，鼻腔や口腔から伝達される嗅覚，咀嚼時に発生する聴覚，舌触りや食感を感じる触覚，そして温度や刺激などの体性感覚をはじめとし，飲食を行う環境などが味情報の認識に関わるとされています。

2-2 ── 味覚メディアと食メディア

　味覚メディアとは，純粋な味覚刺激以外の要因を用いて，人間の感じる味に変化を加えようとするシステムです。これら味覚メディ

アに関する研究について少し紹介していきましょう。

　先に少しふれたとおり，味は視覚情報にも大きく影響を受けます。こうした原理を生かした味情報の提示システムのひとつが，LEDを用いた飲料への色重畳表示手法と呼ばれるものです。

　まず，二重構造の容器の内側に飲料を入れ，外側の容器にはダミーとなる乳白色の液体を入れて内側の飲料が見えないように覆います。この乳白色の液体のほうをLEDで照らすと，今飲んでいる飲み物に色がついたように見せることができるのです。この装置で飲料を照らす色を変化させて実験を行うと，色彩の違いによって実際に味の変化を提示できることが明らかになりました。

　もうひとつ視覚を用いた味覚メディアとして，拡張現実感（Augmented Reality）による重畳表示を用いたクッキーの擬似的味覚変化システム「Meta Cookie」があります。これはHMDに取りつけたカメラを用い，クッキーの位置を認識させることで，チョコレートチップの模様など，クッキーにさまざまな視覚情報を重畳表示するものです。この装置には，フィルターで任意の匂いを添加させるエアポンプが設置されていて，クッキーの味情報を擬似的に変化させることができます。実験では，7枚の同じプレーンクッキーをこのシステムを使って食べたところ，7種類の異なる味のクッキーを食べているかのように錯覚できたとしています。

　このシステムは視覚以外に嗅覚も利用していますが，このように食材の味自体は変えずとも，周辺情報を操作することで味覚に影響を与えられます。

　また咀嚼感も食事のおいしさに影響を与えることがわかっています。マッシミリアーノ・ザンピーニたちによれば，咀嚼中の音の変

化でポテトチップスの食感に変化を与えることができるそうです。実験で，被験者にヘッドフォンを装着させ，ポテトチップスの咀嚼音を変化させたところ，高周波成分の増幅や音圧の増幅した音を提示することで，ポテトチップスのサクサク感が増強されることが明らかになったと報告されています。

また，吸引感覚を提示するものとして，橋本悠希氏らによる「Straw-like User Interface」があります。吸引感覚とは，食べ物や飲み物を吸い込むときに感じられる感覚のことです。これはストローが刺さったコップのような装置で，ストローを吸い上げると，機械がストローを振動させて唇に与える刺激を作り出します。同時に吸い上げるときの音も合成して自由に鳴らせる仕組みになっています。これにより，ストロー以外何もない機械なのに，まるで実際の食材を吸い込んだような感覚が与えられるのです。さらには，唇への振動感覚と，聴覚情報のみで利用者に何か食材を食べたような感覚さえ与えることができるのです。これは著者も実際に体験させてもらいましたが，「納豆の吸引」も再現されていて驚きました。

中村裕美氏との共同研究として，著者たちも電気味覚（[図4]）[*5]を用いてより味を変化させる装置を提案しています。この装置では，飲食物に電気を流すことで食物が舌に触れたときの電位を変化させ，飲食物の味を変化させることができます。原理として使用しているのは「電気味覚」というもので，1950年代から研究されているものです。味覚検査における「電気味覚計」としても応用されており，

---

*5───── http://www.apapababy.com/

[図4] 電気味覚を応用した食器デバイス（中村裕美氏との共同研究）

弱い電気でもその味を感じることができるかどうかで、その人の味覚の感度を測ることができます。私たちは、舌に電極をつけて味蕾を刺激する研究を食器に応用することで、通常の食事への添加物的な使い方を提案したというわけです。

電気味覚を応用した食器としては、ストロー型とフォーク型のものがあります。フォーク型のものは、フォークの先端に電気が流れており、導電性の取っ手を介した回路を形成することによって、食べ物と舌の接点において影響を及ぼします。食べ物と舌が触れたことを、フォークに接続されたコンピュータが感知し、その直後に陰極刺激を短時間だけ流してすぐ止めると、塩分が強くなったかのような感覚を引き起こすことができます。強くなったのは「塩味」だけであって、塩分が強くなったわけではないので、「のど元を過ぎれば」その食べ物は薄味のままというわけです。ストロー型も同じような原理に基づいていて、電極がストローとコップの取っ手について

います。

　「絵に描いた餅」が本当に食べられるように任意の味を表現できるメディアとしてはほど遠いですが，たとえば薄味の病院食の味を濃く感じさせることなどがすでに実現しています。塩分を制限しなくてはならない人たちにも，塩味を感じさせておいしく食事してもらうことができます。これは未開拓に等しい味覚メディアにおいて，大きな一歩だと感じています。

3　嗅覚メディア

3-1　嗅覚の原理

　匂いは，人間社会と古くから密接な関係をもっていました。ヨーロッパでは中世から香水が流行し，調香師という香りを調合する専門の職業もできています。嗅覚に訴えるコンテンツや匂いによる表現の起源ともいえると思います。現在でも，整髪料や柔軟剤などにかすかにいい香りを加えたり，逆に消臭剤のように悪臭を和らげる道具が普及しています。都市ガスやLPガスなどは本来無色無臭の気体ですが，ガス漏れなどに気がつけるように，人体に害のない刺激臭をつけられています。

　しかし，人間の五感を利用したメディアの中で，もっとも再現が難しいといわれているのが，嗅覚を用いたメディアなのです。光や音といった空間を波として伝わる情報は，比較的再現や制御が簡単でした。また味覚や触覚のように，直接何かに触れたときに発生する感覚も，その接触面に電気信号を送ることによって，さまざ

まな感覚を錯覚させることができました。電気信号ですから，これも制御することは可能です。

しかし，嗅覚はこれまでの4つの感覚再現とはちょっと性質が異なっています。それが嗅覚の再現メディアを作ることを難しくしているのです。では，嗅覚，匂いとはいったい何なのでしょうか？

嗅覚は味覚と同じで，化学物質の成分を感じ分けることで生じる感覚です。匂いは鼻で感じ取りますが，この鼻の奥の粘膜には嗅細胞という化学物質の受容体が存在していて，化学物質に反応して脳へ匂いとして電気信号を送ります。しかし，匂いは舌のように直接触れたものから情報を読み取るわけではありません。空気中を気体として漂う微量の化学物質を感知するものです。繊細な器官なので，味覚のときのように直接触れて弱い電気信号を送り込むことは困難です。かわりに嗅覚を刺激するための化学物質を調合して，実際に匂いを作り出さなければなりません。

また鼻に匂いを感知させるためには，実際に作り出した化学物質を空気中へ散布しなければならないため，映像や音響のような即応性のある提示が難しくなります。実際散布した場合はさらに，光や音と違って必要なくなったあとの残留も問題になってきます。

何より嗅覚の再現を難しくしているのが，嗅細胞の持つ受容体の種類です。視覚は，光の三原色といわれるように，3つの色刺激と明るさを感じ取る4つの受容体によって色彩を作り出していました。味覚も塩味，甘味，苦味，酸味，うま味という5つの受容体で味を作り出しています。ところが人間の嗅覚に関わる受容体は数百種類にのぼるといわれているのです。これだけでも，嗅覚を研究したり，嗅覚メディアを作ることの難しさがよくわかると思います。

3-2 ─── 嗅覚ディスプレイ

[図5] VRシミュレータ，Sensorama

匂いは五感の中でも記憶と密接に結びついていて，記憶を呼び覚ます効果のある感覚といわれています。実際のところはまだまだ不明確ですが，確かに外を歩いていて，何かの匂いを感じてふと無性に懐かしい思いに捉われたという経験はあるのではないでしょうか。

没入感のある良質なメディア体験を生み出すためには，やはり嗅覚メディアの研究を欠かすわけにはいきません。そのため，香りと結びついたメディア研究はこれまで数多く行われてきました。

映像に香りを付加しようという試みは，20世紀初頭の無声映画のころからすでに行われています。これはローズオイルを染み込ませた布によって香りを付加していました。トーキーと呼ばれる，いわゆる映像と音声が同期した映画が登場したのが1927年のことですから，実は映像には音がつくより先に，香りがついていたのです！

1960年代には路面の振動や，ファンによる風で走っている感覚を再現するSensorama（[図5]）[*6]というVRシミュレータが登場します。アーケードゲームの筐体に近いサイズですが，ディスプレイに筒型の覆いがついていて，プレイヤはこの筒に顔を突っ込むような形で利

用します。このSensoramaにも香りを提示する機能が搭載されていました。

このように古くから匂いを付加したメディアは登場していたのですが，現状を見回せばわかる通り，映像と音がもはや切り離せないほど密接した関係にあるのに比べ，匂いの方は特に普及していません。このあたりも，嗅覚メディアの難しさを象徴しています。

近年でも，映像と香りを合わせた嗅覚ディスプレイの研究が進められています。香りの合成に関しては，32成分ほどに分けた要素臭を任意の比率で調合して作り出すものや，アロマチップをペルチェ素子上に載せて加熱し，香りを発生させるなどの方法が考案されています。ただし，これらによって作り出される香りの精度や効果については，まだまだ研究途上です。

もうひとつの問題として，どのようにして香りを鼻に届けるか――提示するかという課題があります。こちらは，若干大がかりではありますが，ヘッドフォンやHMDのように，香気を搬送するチューブを鼻先に装着するウェアラブル嗅覚ディスプレイが考案されています。これは直接鼻腔の前に噴霧するものです。このほかにも，ユーザーが匂いを嗅ぎたいと感じたときにだけ匂いを嗅げるように，手首に装着し，匂いを嗅ぎたいときには手首に鼻を近づけるタイプのものがあります。

しかし，装着タイプはさりげない提示としてはいささか難がありま

---

*6 ── INVENTOR IN THE FIELD OF VIRTUAL REALITY: Morton L. Heilig (1926-1997)

http://www.mortonheilig.com/InventorVR.html

[**図6**] 空気砲を用いた香りプロジェクタ(名城大学 柳田研究室)

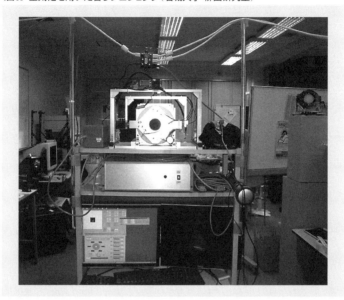

す。そこで非装着型で,なおかつ少量の香りを局所的に提示する方法として,空気砲を用いて香りを届けるシステムが名城大学の柳田康幸氏らによって提案されています。空気砲は,穴の開いた段ボール箱にドライアイスなどの煙を入れて叩くと,きれいな輪っかが

---

*7——— 芹澤隆史,増田雄一,柳田康幸『自由空間での歩行者に対する香り提示システム』インタラクション2009論文集, pp. 71-72, 2009.
http://www.interaction-ipsj.org/archives/paper2009/interactive/0089/0089.pdf

飛び出していくものです。飛び出した気体が，ドーナツ状の渦流に固定されて進んでいくのは，匂いを拡散させずに指向性をもって放出させる場合とても有効です。ただこれを直接顔にぶつけてしまうとかなり強い風を感じてしまい，さりげない提示とはいえなくなってしまうので，2ヵ所から同時に空気砲を撃ち，目的とするポイントで両者をぶつけ合わせ，そこで局所的に香りを発生させるという工夫がされています。

　また残り香の問題についても，匂いをパルス射出する方法で濃度を調整し，克服する試みが行われています。[図6][*7]の香りプロジェクタは，非常に短い時間間隔でパルス状に香りを提示することで，香りを感じる時間と濃度を制御しようとする装置です。タイミングが難しい方法ですが，必要最小限の最適な香りを発生させることが可能になります。濃度を調整することで，映像と同期した香りの強弱で，匂いによる遠近感を演出することも可能です。

　このように，汎用的なメディアとして嗅覚ディスプレイが登場するのにはまだ少し時間がかかるかもしれませんが，嗅覚の提示手法についての研究はさまざまに進められています。

第5章
使いやすいインタフェース

なぜデジタルの世界でコンテンツ制作が容易になったのかを考えると，その主な理由のひとつに，コンピュータが万能なメディアとなる一方，誰もが使いやすいインタフェースをもつようになってきたことが挙げられます。

　コンピュータというメディアを「表現のための道具」と捉えたとき，それが道具として成立するにはふたつの条件があります。ひとつは，表現されるコンテンツをちゃんと扱えるようになることです。絵を描く道具である鉛筆や消しゴムは，当然ながらそもそも線を描いたり消したりできなくてはなりません。同様に，表現のための道具であるコンピュータは，視覚コンテンツや聴覚コンテンツなどを扱えるようになる必要があります。これまでに行ってきたメディア技術の解説はまさにその側面であり，コンピュータによって扱える表現がその質をより高め，その範囲をより広げているさまがおわかりいただけたと思います。

　しかし，表現の道具がいろいろなコンテンツを高精度に扱えるだけでは，道具とはいえません。道具が道具として成立するためには，それを人間が使えるようになる必要があります。鉛筆や消しゴムは持てなくてはなりませんし，思いどおりに操れなくてはなりません。当たり前のことのように思えるかもしれませんが，もしコンピュータにタッチパネルやマウスもなく，パンチカードを読み込ませて動作させるとか，MS-DOSのようにキーボードでの文字入力だけだったとしたら，コンピュータの処理速度がどれだけ速かったとしても，これまでに紹介したようなコンテンツは生まれなかったでしょう。

　この章では，コンピュータと，それを使う人間の接点の側であるインタフェースについて考えたいと思います。このとき重要なのは，

むしろ技術よりも、どのようなインタフェースとして設計すべきか、という思想やビジョンです。「誰もが使いやすいインタフェース」というのは、「そもそもどうすれば誰もが使いやすくなるのか」という思想なしには実現できないからです。

1 インタフェース

1-1 ── インタフェースとは

まず、インタフェースとは何かについて簡単に説明しておきましょう。インタフェースとは、コンピュータと人、コンピュータとコンピュータ、コンピュータと周辺機器、コンピュータとそれ以外の機械、など異なるもの同士の境界面、間をつなぐ方法や規格のことを指します。特に人とつながるインタフェースのことを、ユーザインタフェースと呼びます。

多くの科学者やエンジニアが、主に人とコンピュータのインタラクション、つまりは相互作用や対話、影響、やりとりなどを研究し、それらをよりよいものにして、コンピュータを人にとって有用で使いやすい道具とすることを目的として研究を続けています。そのためには、使いやすい操作方法を発明していく必要があります。

ファイルを移動したり開いたりといった動作をわかりやすく見せる表現手法や、それを操作するためのデバイスである「マウス」も、そういった中で生まれた優れた発明であることがわかると思います。

1-2 ── GUIとは

 コンピュータを利用するとき,私たちはたいていマウスを使って画面内のポインタを動かし,目的とするファイルのアイコンをクリックしてアプリケーションを起動したりしています。コンピュータから何か質問された場合も,画面上に表示された「OK」のボタンをクリックして決定を下します。こうしたコンピュータグラフィックスとポインティングデバイスを用いて入出力を行うユーザインタフェースを,GUI (Graphical User Interface)といいます。

 ところで,こうしたボタンは押したタイミングではなく,離したタイミングで機能するようになっているのにお気づきでしたか。押したままカーソルの外へとマウスポインタを移動させると,ボタンは作動しません。プルダウンメニューも,マウスボタンを離したタイミングで選択され,間違ってメニューを開いた場合は,メニューの外へマウスポインタを移動すると閉じることができます。ユーザーが間違ったときにもキャンセルしやすくデザインされているわけです。ユーザーインタフェースをよく観察すると,こうした工夫がたくさん隠されていることがわかります。

 GUIより以前のコンピュータでは,情報の入力や表示がすべて文字だけで行われていました (Character-based User Interface, CUI)。このようなキーボードによる文字入力と,ディスプレイ上の文字出力で行われるユーザインタフェースがどんなものであるかは,Windowsに入っているコマンドプロンプトを開いたことがある方ならおわかりでしょう。すべての操作はキーボードからコマンドを入力することで実行されます。コマンドを知らないと何もできないうえ,何をしているのかもわかりずらく,マウスに慣れたふつうのユーザーの

方にとってはお手上げでしょう。しかし，あらゆる作業がコマンドラインを入力するだけで済ませられるので，文字入力に慣れた人たちの中にはこちらを好んで使う人もいます。

　なんにせよ，一般にコンピュータが普及した現在では，目に触れるほとんどすべてのコンピュータはGUIで操作されています。実際のところ，GUIが存在しなければ，たとえコンピュータがどれだけ高性能になったとしても，ここまで手軽な，表現のための道具として普及することはなかったでしょう。

　では，このGUIはどのようにして生まれ，どのように発展してきたのでしょう？　長い歴史の中で試行錯誤を繰り返し，工夫を積み重ねながら少しずつ発展し，現在のような誰にでもわかりやすく使いやすいインタフェースへと進化していったのでしょうか？　答えはノーです。驚くべきことですが，現在われわれが利用しているGUIは，人々の前に初めて提示されたそのときからすでに，現在われわれが利用しているのとほぼ同じ状態で生み出されていたのです。それを成しとげたのが，これからお話しする3人の天才たち──天才というよりは化け物と呼びたくなるような，恐るべき想像力，技術力を持った科学者たちです。

　彼らはマウスもなければ，パソコンもない，コンピュータといえば非常に巨大で扱いずらい機械でしかなかった時代に，突如として現在われわれが慣れ親しんでいるようなコンピュータの世界を創り上げたのです。それがいかにすさまじい偉業なのかは，GUIで操作するコンピュータの世界にどっぷりと浸かってしまっている現在のわれわれからすると，もはやほとんど想像を超えたものだといっていいでしょう。

2　GUIの革新者たち

2-1 ──── アイバン・サザランド (1938–)

　アイバン・エドワード・サザランド（Ivan Edward Sutherland,［図1］）はインターネット，CG，VR（Virtual Reality）の先駆者といわれる人物です。彼は1963年に「スケッチパッド」（[図2]）というCAD（Computer Aided Design）プログラムの先駆けとなったグラフィカルなインタフェースを持つシステムを発明しました。CADというのはコンピュータを用いた製図システムのことで，現在の設計の仕事ではおおむねどこでも利用されています。

　スケッチパッドはサザランドが博士論文の一環として作成したコンピュータプログラムで，非常に革新的なものでした。このプログラムに含まれる多くの要素が世界初となるものばかりであり，さらには世界初であるにもかかわらず現代においても利用されているようなGUIの重要な機能が，最初からほぼすべて備わっていたのです。

　まず，これが世界で初めてグラフィカルなユーザインタフェースを全面的に採用したプログラムであったという点です。まさにGUIの起源といえるもので，そのころ発明されたばかりの「ライトペン」と「X-Yプロッタ・ディスプレイ」を使用し，画面上をなぞることで直接画面内に図形を描くことができました。ライトペンとは，その名のとおりペンのかたちをした入力装置で，ペンの先からブラウン管の走査を読み取って画面上のどの位置を指しているのか認識します。

　また世界初のウィンドウ描画プログラムが備わっており，ズームも可能でした。ライトペンでなぞるように描くこのシステムでは，まっすぐに線を引きたくても描いた線が斜めになってしまうことがあります

[図1] アイバン・サザランド

[図2] スケッチパッド

(以下，本章の図版は註記外，Wikimedia Commons より)

が，そうした場合もこのスケッチパッドはまっすぐの線に整形してくれる機能や，きれいな円に整形して描いてくれる機能などをもっていました。このように，スケッチパッドは世界初の対話型図形処理プログラムでありながら，不器用な人間を支援する機能まで備わっていたのです。

また幾何学データを構成するにあたって，ある図形を作成したら，それを複製して何度でも使用することができました。たとえばひとつ正方形を描いたとして，その正方形をコピーして，新しくもうひとつ正方形を作ったり，それを元の図形より拡大したり回転したりして組み立てるように描画していくことができたのです。さらには擬似的な3D表示も実現していて，四分割した画面に，正面，横，上か

ら眺めた場面と,それらを組み合わせた立体図形を表示し,いずれかの図形に変更を加えると,そのすべての画像に変更が反映されました。この発明はその後のコンピュータプログラムの世界に多大な影響を与えました。

また彼は1965年に「アルティメイト・ディスプレイ」という論文を発表し,次のように語りました。「コンピュータに表示されるものが,われわれがふだんから親しんでいる物理的現実の法則に従わなければならない理由などない。運動感覚を提示できるディスプレイなら,負の質量の動きをシミュレートすることにも使えるだろう。今のビジュアル・ディスプレイのユーザーには,物体を透明にすることだって簡単なのだ——いわば『透視を行う』こともできるのだ!」

彼はこの発想から,1968年に世界で最初のHMDシステムを発表しました([図3][*1])。Oculus Riftなど,ようやく最近目にすることが増えたHMDが1960年代に生まれていた,というのは驚くべきことだと思います。また,サザランドの発明したHMDはバーチャル・リアリティを実現する没入型ではなく,半透明なガラスの向こうに見える現実世界にコンピュータの情報を重ねて表示させる重畳型のもので,むしろ拡張現実感(Augmented Reality, AR)のデバイスでした。Google GlassやMicrosoftのHoloLens(Windows 10 搭載のホログラム対応HMD,http://www.microsoft.com/microsoft-hololens)を見ると,ARという概念がまるで21世紀になってから現れた最先端技術だと誤解してしまいそうですが,この時代から存在していたのです。

[*1] VRfocus: Losing My VRginity to: Simulation!
http://vrfocus.com/archives/1755/losing-vrginity-simulation/

こうしたイノベイティブな研究成果を，短期間で易々と実現してしまったことは驚異というほかありません。「あなたはどうやって世界初の対話型図形処理プログラム，世界初の非手続き的プログラミング言語，世界初のオブジェクト指向ソフトウェアシステムを1年で完成できたのですか？」あるときこのような質問を受けたサザランドは，次のように答えたといいます。「うーん，さして難しくもなかったよ」。

[図3] サザランドのHMD

2-2 ダグラス・エンゲルバート（1925–2013）

ダグラス・エンゲルバート（[図4]）はハイパーテキスト，ネットワークコンピュータ，GUIの先駆けとなるものを発明した科学者で，ひとことで彼の功績を語るならば，「マウス」を発明したのが彼だということになるでしょう。

エンゲルバートは1945年に，バネバー・ブッシュのエッセイ「われわれが思考するごとく（As We May Think）」を読み，知識を誰でも入手できるようにすることこそが自分の研究目標であると定めました。バネバー・ブッシュはアナログコンピュータ（微分解析機）の研究者で，そのエッセイの中には「Memex」という架空の機械が描かれています。Memexは記憶を拡張するデスクサイズの機械で，膨大なマイ

[図4] ダグラス・エンゲルバート

クロフィルムから必要な情報を瞬時に検索することができ，人間の情報を整理する能力を補強して思考の質を高められる装置とされていました。

エンゲルバートは，この機械の具体的な描写に驚きました。そして，知的労働者たちがディスプレイの前に座って情報空間を飛び回る未来を想像して，これまでにない力——「集合的な知性」の存在を感じたのです。コンピュータがまだ単なる数値処理のための機械としてしか見なされていなかった時代に，それを活用して集合知を生み出すことこそが自分のライフワークであると捉えたのです。

エンゲルバートは1962年，ついに長年温めていたビジョンについて「人類の知性の増強：概念的フレームワーク」と題した提案を行い，ARPA（アメリカ国防高等研究計画局）からの研究予算を獲得します。そしてさまざまなユーザインタフェースのアイデアを発表し，マウスの発明を経てNLS（oNLine System）の発表へと至るのです。

NLSは現在のインターネットの基礎となるもので，1968年に完成しました。ビットマップ・スクリーンやマウスとポインタを利用したインタフェースを実装しており，文字・図形・動画・画像をひとつの画面に表示するマルチメディアシステムを採用しています。クリックす

るごとに変化するハイパーテキスト的アプリケーションで，遠隔地のユーザーとコンピュータ画面を共有できるテレビ会議機能（グループウェア）やプレゼンテーションソフトとしての機能も備えていました。

[図5] エンゲルバートが行ったデモ発表

エンゲルバートはこのシステムの発表においても，世界初となる革新的なことを行いました。それがデモ発表のプレゼンテーションです（[図5][*2]）。デモ発表とは，発表の場で実際にシステムを稼働させ実演しながら説明する発表形式のことです。エンゲルバートはこのNLSの発表において，ヘッドセットをつけて，システム画面とシステムを操作する自分の手元などを同時に映しながら，マウスを用いた入力システムの新規性などを説明しました。このような実際にシステムを操作しているところを映し出し，実演してみせるという発表形式はこれ以前にはありませんでした。このため，このプレゼンテーションはすべてのデモの母とも呼ばれています。

2-3 — アラン・ケイ（1940–）

「未来を予測する最善の方法は，それを発明することだ」

[*2] Douglas Engelbart Institute: A Lifetime Pursuit
http://www.dougengelbart.org/history/engelbart.html

第5章　使いやすいインタフェース

[図6] アラン・ケイ

アラン・ケイ([図6])[*3]のこの言葉は,彼のすべてを表しているでしょう。アラン・ケイはまだ大型のメインフレームしか存在しなかった1960年代に,個人の活動を支援する「パーソナルコンピュータ」——つまりは,現在われわれが当たり前のように利用していて,なくてはならない存在となっているパソコンの概念を提唱しました。

この時代のコンピュータは部屋の一角をまるまる占拠するほどの大きさで,また非常に高価なものでした。そのため多くの人たちが共同で利用するのが当たり前でした。そんな時代に,ケイは個人用のコンピュータを想像し,そうしたコンピュータのあり方や利用環境などについても模索する「ダイナブック構想」を提唱したのです。また「コンピュータ・リテラシー」も彼の提唱した言葉で,日常生活でコンピュータを扱うための能力や知識のことを指しています。

彼の提唱するダイナブック([図7])[*4]とは,本のようなデバイスという意味で,GUIを搭載したA4判サイズ程度の片手で持ち運べる小型のコンピュータのことでした。彼はこれを子供に与えても問題ない低価格のもので,文字のほか映像や音声も扱うことができ,それを用いる人間の思考能力を高められるものとして想定していました。

また、ネットワークやマルチフォントに対応し、プログラミング開発環境を搭載することも考えていました。ユーザインタフェースではマルチウィンドウを採用して、オーバーラップするウィンドウやその振る舞いについても検討されていました。その時点で、任意の場所にウィンドウを移動させ、大きさの変更ができ、またウィンドウ内に表示できずに隠れてしまっている内容はスクロールバーを用いて呼び出すことが想定されていました。またポップアップするメニューによるインタラクティブな操作も可能で、現在のPCのウィンドウ表示における仕掛けがほぼひと通り含まれていたといえます。

[図7] アラン・ケイのダイナブック構想

アラン・ケイは博士号を取得後、先述のアイバン・サザランドの下についてスケッチパッドを含む先駆的なグラフィックスアプリケーションの開発に関わっていました。その後、ゼロックス社パロアルト研究所の設立に参加し、当時の技術で実現可能な範囲でダイナブックを具現化させた暫定的コンピュータ「Alto」を開発しました。これらは、スティーブ・ジョブズが見学に訪れた際大いに影響を受け、

---

*3 ── Computer History Museum: Alan Kay

http://www.computerhistory.org/fellowawards/hall/bios/Alan,Kay/

*4 ── Computer History Museum: Alan Kay

http://www.computerhistory.org/fellowawards/hall/bios/Alan,Kay/

そのアイデアをもとにLisa，続くMacintoshの開発を行ったという有名な逸話があります。

1984年からはアップルコンピュータのフェローを務め，ジョブズに当時まだ設立5年ほどだったピクサーの買収を勧めたといいます。3DCGの発展やコンテンツとしての重要性に気づいていたのかもしれません。

そして2005年，アラン・ケイは自らのダイナブック構想を実現するように，世界中の——特に発展途上国の——子供たちに学習の手段を提供することを目的としてOLPC（One Laptop per Child）XO-1（100ドルPC）を発表しました。誰でも使えるパーソナルコンピュータの究極型といえるかもしれません。

実は，アラン・ケイは研究者・教育者としてのほかに，ジャズ・ギタリストとしての側面をもっています。彼自身に「表現者」の一面があったことは，コンピュータが万人のための表現の道具となったことと無関係ではないと著者は思っています。

現在のパーソナルコンピュータ，そしてスティーブ・ジョブズらがアップルコンピュータで実現させたiPhone，iPad，タブレットPC。まさに未来はアラン・ケイたちがかつて予測したとおりに実現していきました。正確にいえば，それらは予測されたわけではなく，最初の彼らの言葉どおり，理想とする未来の明確なビジョンをもって活動してきた科学者たちによって発明されたものなのです。

技術開発に先立って，「直感的に使えるべきである」「各個人のためにあるべきである」「子供にも提供されるべきである」といった思想が存在する，というのがこの分野の重要なところであり，この章でもっとも伝えたかったことです。たとえばこの先に，コンピュー

タの形や存在の仕方については「持ち運べるようになるべきである（モバイルコンピューティング）」「身につけられるようになるべきである（ウェアラブルコンピューティング）」「生活空間のどこにでもあるくらいありふれたものであり，もはやその存在を意識することもなくなるべきである（ユビキタスコンピューティング）」という考え方があります。インタフェースについても，「情報に直接触れて操作できるようにすべきである（タンジブルインタフェース）」「実世界のモノへの操作によって情報を操作できるべきである（実世界指向コンピューティング）」「ユーザの意図における暗黙的な文脈を理解できるようになるべきである（コンテクストアウェアコンピューティング）」といったビジョンがたくさんあります。こうした思想がいわば束となり，「誰もが使いやすいインタフェース」に向かって技術開発が進められているというわけです。

　余談ですが，おそらくこの分野は，たとえば物理学のように「唯一の真理」が存在するわけではありません。上記の思想もすでに競合していますし，たとえばユーザーの表現行為を支援するにしても，どこまで支援するかという考え方はさまざまです。唯一の真理どころか，複数の真理から何を選択するかを問われているようなもので，だからこそ，この分野を研究推進するにあたってはその研究者の考え方が重要なのです。この章で「人」にスポットを当てて紹介したのはそのためです。

第6章
「実体化」するメディア

1章から5章にわたって紹介してきたメディアは，インタラクティブではあっても，常にコンピュータ内の仮想世界にしか存在しないものであり，いわば実体がないものの感覚を五感メディア技術によって作り出し，それを擬似体験として得る枠組みにとどまっていました。どれほど解像度や分解能を向上させようが，どれほどインタラクションを工夫しようが，それらは結局，私たちの日常世界，実世界とは別の世界のもの・こととして受け止められました。

　しかし近年，この枠組みを超える動きが見えてきたと著者は感じています。メディアは，私たちの住む実世界で，フィジカルなモノとして存在し，さまざまな実体験をもたらすものに進化しつつあります。

　メディアが実世界と連動し，さらに実世界へと侵入することによって，その体験はもはや私たちの「実体験」になるかもしれません。また，3Dプリンターの登場によって，コンテンツは「実物体」として現出し，私たちの生活そのものを変えようとしています。メディアは「実体化」しているように見受けられます。

　この章では，リアルな世界をセンシングし，その状況に合わせて提示するものを変えるメディアから始まって，リアルでないものをリアルであると思わせる技術，そして本当にリアルなものを創造してしまう技術について紹介します。その先にこそ，メディアの未来を予測する鍵があると考えています。

1　実体験をもたらすメディア

　人間の五感の再現だけをめざすコンテンツは終わりつつあるの

かもしれません。なぜならもっと広く世界を捉えた「体験」を利用したメディアや実世界インタフェースが生まれてきているからです。いまや,「仮想世界に存在するコンテンツ」と「実世界に存在する人間」の媒介となるメディア技術が大きな変貌をとげつつあります。計算機の存在を意識させずにユーザーやその周りの実世界情報をうまくセンシングし,計算機の存在を意識させずにうまく実世界に情報を呈示すれば,よりその体験を実在感あるものにできます。究極的には,それがフィクションのコンテンツであることすら気づかせなくすることが可能になるはずです。

1-1 ──── 実世界との連動

　GPS(Global Positioning System, 全地球測位システム)と連動したゲームは「位置ゲー」と呼ばれ,2000年ごろから流行を見せていました。それまではGPSの民生利用において,信号精度を意図的に下げる規制がありましたが,これが解除され,いわば民主化されるとすぐに宝探しとしての楽しみ方が提案されました。先駆けである「ジオキャッシング」(Geocaching)では,プレイヤは宝物(キャッシュ)を隠したり,あるいは携帯GPSユニットを使ってそれらを探したりします。世界中に隠されているキャッシュの数は,現在100万個を超えています。このゲームはアウトドアスポーツとしての側面も併せもっているといえるでしょう。

　ニンテンドー DSシリーズにはすれ違い通信機能が搭載されており,スリープ状態であっても電波を発信し続けて,互いが接近すると自動的に通信処理を行っています。宝の地図を交換したり,他プレイヤの飼っているペットが遊びに来たり,メッセージを渡したりす

ることができます。ポータブルなゲームデバイスには，このように実世界の広いフィールドにプレイヤを誘う仕組みをもっているものがたくさんあります。

さらにビジネスと結びついた例が，携帯電話機用ゲーム「コロニーな生活☆PLUS」（株式会社コロプラ）です。これは，ゲーム内世界で自分の街(コロニー)を運営していくゲームで，プレイヤの移動距離に応じてゲーム内通貨を得ることができます。出張などで日常的な移動距離が長いプレイヤほど有利なわけですが，ゲーム内通貨を集めることを目的としてウォーキングやランニングを行っているプレイヤもいます。実世界の店舗と提携して，そこでお土産を買えばゲーム内で利用できるカードがもらえるなど，商業的な応用が行われているところが特徴です。

また，2014年現在流行中のスマートフォン用ゲームがGoogleの「Ingress」です。これはいわば実世界を使った壮大な陣取りゲームで，プレイヤは歩き回ってポータルと呼ばれる地点を自チームのものとして，それらを結ぶことで領土を広げていきます。世界中の人々が2チームに分かれて競っているさまは圧巻です([**図1**])[*1]。

これらのゲームは，プレイヤを積極的に外に出るよう促すシステムとなっており，「ゲーム＝インドアに引きこもってするもの」というイメージとは異なるものになっています。

こうした発想の先駆的な例にあたるのは，任天堂ゲームボーイアドバンス用にコナミから発売されていた「ボクらの太陽」というゲーム

[*1] Ingress
https://www.ingress.com/

[**図1**] Googleによるゲーム「Ingress」のウェブサイト

シリーズではないかと思われます。カートリッジに太陽光（紫外線）センサーがついており，敵であるバンパイアに打ち勝つために「実世界の太陽光線」が必要であるとして，日光をチャージして闘います。蛍光灯ではセンサが反応せず，夜に光を集める不正も内蔵時計で見破られペナルティとなってしまうので，ゲーム攻略のためには実世界の天気予報をチェックする必要がありました。このほかにも，太陽の光を当てることで作動する仕掛けがマップ上に用意され，充電した太陽エネルギーを太陽バンクへ預けることで，アイテムを買うための通貨として使用できる仕組みも併せもっていました。日が沈んでからしか遊ぶことができない社会人からは厳しい評価も受けていますが，それでもゲーム史に大きな影響を与えた実世界インタフェースといえるでしょう。

ゲームのみならず，音楽やコミュニケーションといった他のエンタテインメントコンテンツについても同様の展開が見られます。位置情報と連動したシステムとしては，たとえば，音楽サービスSpotifyのSerendipity[*2]では，世界のどこかで同じ曲を同じ時刻で聴いていたユーザーがいる場合に，世界地図に表示させます。世界は広いもので，案外そういう奇跡的な偶然というのは起こっているのだと考えさせられます。また，無線アドホックネットワークを使用した自動車用アプリケーションも開発されており，カーステレオのような感覚で「近くの自動車で聞かれている音楽」を聴くことができるシステムもあります。

　こうしたシステムを用いると，全国ランキングからは外れてしまうものの，特定の地域やコミュニティや世代で流行っている音楽や，ファンが何度も聴き続けている音楽をかいま見ることができます。今日，音楽をオンラインで購入することはもはや日常的ですが，数千万曲という膨大な数から自分が購入したいと思える音楽を探すことは至難の業です。統計的に処理された売上ランキングや，同傾向の曲ばかりを自動推薦するシステムのほかに，より実世界と結びついた音楽との出会いが必要なのです。

　こうした実世界での音楽の出会いを拡張現実感的に実現したシステムが，著者らの制作した「ノラ音漏れ」です。GPS連動型の音楽再生アプリケーションで楽曲を最後まで聴き終わると，その楽曲は仮想的なエージェントとして，GPSマップ上を放浪します。その

[*2] Serendipity
https://www.spotify.com/int/arts/serendipity/

音楽は近くのユーザーに音漏れとして聞こえ，気に入ればその楽曲を捕獲して自分のプレイリストに加えられます。このシステムの面白いところは進化的アルゴリズムを実装している点で，同じ楽曲同士が出会うと子供を産んで増え，また3日の寿命で消滅します。つまり，特定の地域で何度も聴かれている楽曲はさらに増殖する仕掛けが施されています。たとえば小学生に人気のアニメソングは小学校の周りに増殖し，近くにいる人は流行を知ることができます。また，古くても熱狂的にリピート再生される楽曲は生き残りますので，レコード会社が売りたい音楽をヘビーローテーションで流すのと異なり，ある意味「民主的な」やり方で音楽を流行させられるわけです。

コミュニケーションコンテンツにおいても実世界インタフェースの潮流が見られます。位置情報SNSである「foursquare」(foursquare社）は，スマートフォンを用いたサービスです。喫茶店などどこかのランドマークで，アプリを通して「チェックイン」したときに，誰よりも早くチェックインしたり，何度も訪問したりするたびにポイントが増え，それに応じてバッジをもらえます。最多訪問回数を記録している人は「市長」に任命されることから，1番の常連を目指して競い合うゲーム性も生まれています。

1-2 ── 実世界への侵入

マイケル・ダグラス主演の映画『ゲーム』（デビッド・フィンチャー監督，1997年）で描かれた「ゲーム」は，仮想世界ではなく実世界が舞台であり，どこまでがゲームでどこまでが現実なのか区別するのが難しく，それゆえにどんなゲームよりもスリリングなものとなっています。

当時，このようなゲームは荒唐無稽なフィクションでしかありませ

んでしたが，今日では「代替現実ゲーム（Alternate Reality Game, ARG）」と呼ばれるジャンルとして具現化しています。もともとメディアミックスを利用したバイラルマーケティングを源流としていますが，映画『ゲーム』のように，それがゲームであることすら伏せて，いつのまにかその世界に引き込み，それが現実世界で起こっているかのように錯覚させるほどの効果を得ています。

2001年に公開されたスティーヴン・スピルバーグ監督の映画『A.I.』のポスターでは，音楽担当のジョン・ウィリアムズのクレジットの前に，奇妙なマシンセラピストの名前が記されており，これに疑問を持って名前をインターネット上で検索すると，2028年設立の大学サイトがヒットします。論文一覧のページを見ても発表年は未来。論文に記されている電話番号に電話し，留守電を聞くと，どうやら未来の殺人事件が関係していることがわかってきます。サイト群のリンクは次々とつながり，壮大な謎解きゲームが始まります。

このゲームの特徴は，メールを送ると返事が自動送信されたり，ウェブサイトのログインフォームで阻まれたりするものの，そこを突破しようとして自分の番号を入れた人には向こうから電話がかかってきたり，会社のFAX番号にFAXを送ると返信が来たりと，多様かつ実在感を持ちやすい日常的なメディアを用いていることです。

2009年のカンヌ国際広告祭サイバー部門グランプリを受賞した「WHY SO SERIOUS?」は，映画『ダークナイト』（クリストファー・ノーラン監督，2008年）のキャンペーンとして実施された代替現実ゲームです。URLが落書きされた偽紙幣がショッピングセンターで配布される，映画の登場人物の選挙運動が実施される，飛行機雲で上空に電話番号が表示される，指示されたケーキ屋に行くとケーキの

中の携帯電話が鳴るなど，奇抜なイベントを次々と起こして大衆を物語世界に引き込み，大成功を収めています。

　海外のみならず日本でも，実世界を舞台としたゲームやARGが流行しはじめています。

　そのひとつが「リアル脱出ゲーム」です。会場に集まった人たちが謎を解いてその場から脱出するというもので，ネット上の「脱出ゲーム」を現実世界に置きかえた企画です。テレビドラマや映画にもなったのでご存じの方も多いかもしれません。もうひとつは「3D小説」という新ジャンルです。2014年夏に発表された河野裕・河端ジュン一の「bell」は，Twitterを利用して「今起こっている」ことをより強く実感させるタイプのARGです。

　情報機器やメディアは，実世界から仮想世界をのぞき込むための「窓」から，虚構と現実が入り交じった体験に誘う「穴」（rabbit hole）になっていくのではないかと著者は考えています。これを新たなメディア技術「代替現実(Substitutional Reality, SR)」として研究しているのが，日本の理化学研究所の藤井直敬氏です。ヘッドマウントディスプレイの目線の位置にカメラをつけ，それがリアルタイムに表示されるシステムからはじめて，本人に気づかれずにその「現実」を虚構の映像や過去の映像にすり替える方法論を模索しています（[**図1**]）[*3]。SRは，現実と仮想現実・拡張現実との橋渡しをスムーズに行う，だましの技術といっていいかもしれません。

　本書でこれまでにご紹介してきた五感メディアは，いってみれば，

[*3] ────── SR Laboratories
　　　　　 http://srlab.jp/

[図1] SR（代替現実）システムのウェブサイト

どれも人の感覚をだまして、あたかもそこにものが実在するかのように感じさせることを目指したものでした。しかし、そこにはひとつの共通の壁がありました。だまされることへの心理的な抵抗といいますか、だまされることを回避する心の壁をユーザー自身が築いていたわけです。どんなに解像度を上げて客観的なリアリティを高めたとしても、ユーザーが「私は映像を見ている」と思っている限り、それは真の主観的体験になりえません。この壁をスムーズに超える技術が開発されれば、視聴覚メディアはもちろんのこと、発展途上だといわれていたほかの感覚のメディアまでをも効果的にはたらかせる可能性が生まれてきます。

プロジェクションマッピングの項で紹介したトロンプルイユのエピソードのゼウクシスとパラシオスの対決でも、パラシオスは非常に精巧なカーテンの絵を描いたに違いありませんが、そのことよりも、絵にはカーテンがかかっているだろうというゼウクシスの心理を巧みに利用して、カーテンが絵であると意識させなかった点がとても重要なのです。

2   パーソナル・ファブリケーション ── 3Dプリンターの衝撃

　実世界と連動し，さらには実世界に侵入することによって実体験と錯覚させる話の次は，本当に実体として出力するメディアの話をしましょう。仮想世界の3DCGを実世界のモノとして，本当に具現化してしまう3Dプリンター，およびその先に起こるイノベーションの話です。

2-1 ── 3Dプリンターとは

　3Dプリンターは，もともと1980年に日本の小玉秀男氏によって発明された光造形法の技術を基礎として発展し，企業におけるプロトタイプ製作のために数千万円，数百万円の価格で導入されていました。90年代に熱溶解積層法が発明され，さらに基本特許の期限が切れたことで，大幅な価格破壊が起こり，誰でも購入できる機材として「民主化」が起きました。いまや3Dプリンターは，10万円以下でも手に入れられる商品として家電店でも販売されるものとなりました。

　3Dプリンターで出力する3Dデータは，3DCGの項で説明したポリゴンからなるサーフェスモデルとしてモデリングすることもできますが，中身の詰まったソリッドモデルとしてのモデリングをしたほうが，より正確です。CGを表示するだけならハリボテでごまかせましたが，実際にモノとして出力する場合は，中身が詰まっていないとうまく表現できないことも多いのです。

　そうしたソリッドモデルのモデリングソフトとしてお薦めのフリーウェアは，Autodesk社の「123D」という3D CADソフトです（[図2]）[*4]。

[図2] 3D CADソフト「123D Design」の画面と3Dプリンターで出力したもの

Windows/Macのみならず，iPadでも使用することができます。かつてはこうした3D CADソフトも数十万円以上するものだったので，無料で入手できるのはとてもありがたいことです。制限されている機能もありますが，それゆえに起動時のインタフェースはすっきりとしており，入門ツールとしても最適だと思います。

さて，こうしてモデリングした3Dデータを自由にアップロード／ダウ

---

*4 ── 123D Design How To | Autodesk 123D
　　　　http://www.123dapp.com/howto/design
*5 ── Thingiverse
　　　　http://www.thingiverse.com

[**図3**] ウェブサイト「Thingiverse」で公開されている3Dデータ

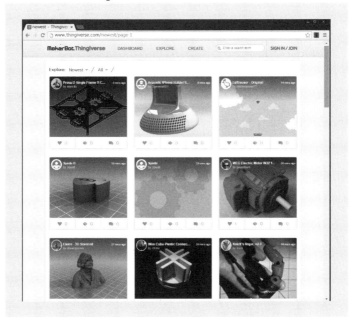

ンロードしたり，改変してN次創作を行うことができるサイトがいくつもあります。ひとつは「Thingiverse」というサイトです（[**図3**]）[*5]です。ためしに「cup」で検索すると数千種類の形状のカップを一覧できます。いかに多くの人が創作に関わっているかがかいま見えると思います。この中から気に入ったものを選んで3Dプリンターで出力するだけで，実在物としてのカップが手に入るというわけです。また，ちょっとサイズを変更したり変形したりといった操作なら123Dで誰でもできるの

第6章 「実体化」するメディア　133

で，より自分に合ったものを得ることができます。「Shapeways」(http://www.shapeways.com/)も3Dデータの公開場所として人気のあるサイトです。ここでは3Dデータを売買したり，出力を代行してもらったりすることができ，パーソナルな3Dプリンターでは実現しにくい金属アクセサリーの出力まで可能です。

　複数の3Dデータサービスを横断する検索エンジン「yeggi」(http://www.yeggi.com/)というサービスも立ち上がっていて，かつてのインターネット時代黎明期と同じようなことが起こっています。

　こうした3Dモデルデータを「マッシュアップ」してオリジナルの3Dデータを作るためのツールもあります。先ほど紹介した3Dモデリングソフト，123Dの拡張アプリケーションとして機能する「MeshMixer」です。彫刻，あるいは粘土のような感覚でモデリングできるので，体験の価値ありです。

　なお，3Dプリンター以外にも，モノを生み出すデジタルな工作機械がじょじょに進化しています。切削加工を行うミリングマシンとか，紙や木などを自由に切断できるレーザーカッター，また最近のデジタルミシンも多彩な刺繍が可能です。さらに，通常のインクジェットプリンタに導電性インクを装填することで，電子回路等を印刷できるようになりました（プリンテッド・エレクトロニクス，Printed Electronics）。著者らは，これで特殊なパターンを印刷して，スマートフォンやiPadに貼り付けることでオリジナルのインタフェースを作成してしまう技術（〔図4〕）[*6]を研究開発しています。

　これまで本書を読んでくださった皆さんなら，デジタルな世界で起こっていたコンテンツ創作・CGM・N次創作といった事柄が，3Dプリンターをはじめとするこうした工作機械によって，フィジカル

[図4] 導電性インクを装塡したプリンタ(左)とiPadに貼りつけたインタフェース(右)

な現実世界で起こっていくことを容易に予想できるのではないかと思います。そして，勘のいい人なら，その先にもっと大きな変化が起こることを予感するかもしれません。

2-2 ── パーソナル・ファブリケーションがもたらすイノベーション

　既存の価値観や考え方，方法論が破壊され，まったく新しい観点の考えや方法，価値観が生まれ物事に変化をもたらすことをイノベーションと呼びます。イノベーションは作業を効率化したり，新たなビジネススタイルを開拓するなど，会社組織の中で起こる比較的小規模なものから，社会全体を変革してしまうほどの大規模なものまでさまざまに起こりえます。人間社会の発展もこのイノベーションの繰り返しによって進められてきたのです。

---

*6────加藤邦拓, 秋山耀, 宮下芳明『タッチ入力の柔軟な再配置を可能としたインタフェースの作成支援, WISS2014, 第22回インタラクティブシステムとソフトウェアに関するワークショップ論文集』, pp.151-152, 2014.

この本の中でも，そうした技術と社会の変化の歴史についてはたくさん語ってきました。若い方なら，そうした過去の時代の話を聞くたびに，「○○がなかった時代っていったいどうやって生活していたのだろう？」と疑問に感じられたのではないでしょうか。インターネットやPC，携帯やスマートフォンがない時代，人々はどうやって仕事をして，交渉を成立させていたのだろう？　デジタルカメラのない時代，フィルムでの撮影はどれだけ不便だったのだろう？

　こうした疑問がわくのは，すべて社会的イノベーションによって，社会の仕組み，在り方が大きく変革されてしまったからです。人々の意識も，生活スタイルもすべてが変わってしまったので，それ以前の生活なんて想像することさえ難しい状況になってしまったわけです。これはその時代を知らない若い人だけの感覚ではありません。生まれたときにはインターネットなんてまったく普及していなかった時代に生きていた著者の世代も，ネットのない社会に戻ることなどもう想像もできません。社会的イノベーションとはそれだけの影響力をもつものなのです。

　ではここから先の未来には，どのような社会的イノベーションが待ち受けているのでしょうか。今まさに起こりつつある社会的イノベーションのひとつが，3Dプリンターをはじめとするデジタル工作機械の登場によって引き起こされつつある，パーソナル・ファブリケーション（個人によるものづくり）という潮流です。

　これまでのものづくりは，需要の高いモノにリソースが割かれ，大量生産，大量消費が当たり前の状態になっていました。大量生産は結果的に生産物の単価を安く抑えることができるので，ものづくりを主導している企業にとっては，たくさん売れるものをたくさん

作ってたくさん売るのが常識だからです。

　逆に需要の小さいニッチな分野では，欲しくてもモノがなかなか手に入りずらい状態が起こってきます。採算性の問題から，多くの企業はそうした分野にあまりモノを供給しなくなるからです。

　結局，私たちは万人向けに大量生産されたものを，ある程度我慢し，ある程度許容して，そのまま受け入れるしかありませんでした。これまでの私たちは，そんな受動的消費者としての暮らしを余儀なくされてきたのです。企業によって作られ，マスメディアによって大量配信される映像・音楽コンテンツを消費せざるを得なかった，CGM以前の私たちと同じです。

　しかし，3Dプリンター等の技術の登場は，そんなものづくりを取り巻く現状を打破しようとしています。なぜなら，個人のそれぞれが本当に欲しいと思うものを，最適なかたちで一個から創り出せる環境を提供してくれるからです。個人がほぼなんでも自分でものづくりができてしまう社会では，企業の生産力やビジネス戦略に依存せずにものを手に入れることができます。それはすなわち，これまでのものづくりではあまり見向きもされなかったニッチな市場でも，欲しいものが簡単に手に入れられるようになるということです。

　中小企業や個人は自分たちが考案したモノを簡単にかたちにすることができ，もしそれが世間で大きな需要を得ることができれば，ビジネスチャンスへつなげていくことも可能です。パーソナル・ファブリケーションの社会では，需要を見誤って大量の在庫を抱えるというリスクもありません。モノのアイデアや設計図自体が商品の代わりとなって流通し，実際それを生産するかどうかは個人の判断にまかせられ，あるいは改良されるからです。材料を現地で調達でき

るなら、モノの3Dデータの送信ですむため、「物流」もなくなります。

　根源的に、イノベーションは「ユーザーが抱える問題を解決するための新しい情報の組み合わせ」であり、そもそもこれまでのイノベーションも消費者によって生み出された「ユーザーイノベーション」であることが多い、と神戸大学の小川進氏は指摘されています。

　人々が受動的消費者から創造的生活者になれる社会――個人が心から満足できるものを自ら作り、それらを使うことで満ち足りた生活を送ることができる社会、それがパーソナル・ファブリケーションによって実現されようとしています。創造的生活者が身のまわりの環境を能動的に変えていけば、おそらく意識も変化していきます。その共創の先には、社会システムの変革にまでつながるのではないでしょうか。

　もちろんこれはまだ理想としての話です。実現のためには、技術的にもまだまだ遠い道程を乗り越えていかなくてはなりません。しかし、本書をここまで読み進めてきた皆さんは、まったく馬鹿げた絵空事だとは思わないでしょう。バネバー・ブッシュのエッセイに登場する架空の機械Memexにインスパイアされたダグラス・エンゲルバートは？　部屋の一角を埋めるようなコンピュータの時代に「ダイナブック構想」を提唱したアラン・ケイは？　彼らが予測した未来がどうなったか、彼らの目指した未来を生きるわれわれはすでに知っています。

　イノベーションとは、誰の意思も介さずに自然発生するような謎の現象ではありません。そこには必ず仕掛け人となる理想高き人々がいるのです。彼らは大きく社会のあり方を変えてしまうような可能性を持つ技術に早い段階から着目し、その技術が作り上げるであ

ろう未来社会のスタイルや価値観の変化，そこで生まれるであろう問題点を明確にイメージし，来るべき未来に備え着々とその準備と議論を進めているのです。

　「実体化」するメディアを背景として，これまでしょせん仮想世界の中と思われていた「表現の民主化」というムーブメントが，私たちの実世界・実社会での「事件」となろうとしています。この章まで読んでいただいて，ようやくそれについてともに考える準備が整いました。次章は，2014年5月に実施したトークイベント「CGMから始まるイノベーション〜初音ミクが切りひらく未来」での議論を書き起こしたものです。未来を予測するための糸口は，間違いなくこの議論の中にあると思います。

第7章
シンポジウム
CGMから始まるイノベーション
初音ミクが切りひらく未来

佐々木渉

ドミニク・チェン

毛利宣裕

中村翼

宮下芳明

イントロダクション

「受動的消費者」から「創造的生活者」へ
宮下芳明

● ─── **表現は万人の権利である**

　皆さん，こんにちは。トークイベント「CGMから始まるイノベーション　初音ミクが切りひらく未来」へようこそ。わたくし，司会を務めさせていただきます，明治大学の宮下と申します。どうぞよろしくお願いします。

　まず僕のほうから，宮下研究室の紹介をさせていただきます。宮下研では，「表現の民主化」をテーマに，2007年から研究活動に取り組んでいます。そのキーワードのひとつが「CGM」，つまりConsumer Generated Media，消費者がコンテンツを作っていくメディアのことですね。僕らはこうしたメディアのあり方と，それを支える情報テクノロジーやメディア・テクノロジーの研究を進めていこうとしています。

　僕はいつも授業で「人間は表現せずにはいられない動物だ」と言っています。たとえば，画用紙とクレヨンを子供に与えたら，子供は必ず夢中で絵を描きます。別に画家になって大儲けしてやろうというのではなく，単に表現欲求として夢中で絵を描くわけです。今も世界中の人々が歌を歌っているように，自己表現のための言語

や言葉がどんな文化圏にも存在しています。

そういう意味では,「表現は万人の権利である」,はずなんですが,実態はそうなっていませんね。やはりひと握りの表現する人,アーティストがいて,そのコンテンツを享受する人が大多数です。その人たちは自分で表現するかわりにお金を払う。こういうヒエラルキーや分断みたいなものがあって,「表現は万人の権利である」という考え方からすれば,これは非常におかしいことになります。

ただ幸いなことに,世界はとてもいい方向にアップデートされつつある,とも感じます。たとえば,DTPという技術があります。文章を書く,本を書いて出版社から出版するということは,昔は限られた物書きや出版社や印刷工場の設備を持っている人しかできなかったけれど,今はコンピュータで自由にできるようになりました。そもそも紙というメディアを介さずに,インターネットを通じて自分の考えを伝えることすらできるようになりました。

映像もそうですね。かつてはテレビ局みたいな大きなところでしか,映像を人に伝えたり編集したりすることはできませんでした。今はデスクトップビデオのテクノロジーで誰もが作れるようになったし,スマートフォンだけでも,けっこういい感じで映像を編集したり,すぐにUstreamで生中継をしたりVineやInstagramで映像や画像をすぐにつぶやいたりといったことができるようになっています。

音楽も同じです。昔は,すごいラックマウントの機材がたくさんある音響スタジオとか,音楽制作会社に所属するプロのアーティストでないと,音楽を作ったり,配信したりすることはなかなかできませんでした。それがデスクトップミュージックのテクノロジーによって,どんどん一般の人にも手が届くようになりつつある,という背景があ

[図1]「サンプリング書道」のインターフェイス

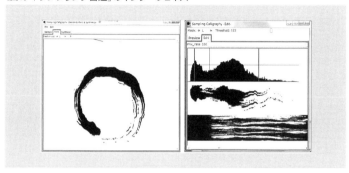

るわけです。

　こうした中で，宮下研はいろんな研究を積み重ねてきました。たとえば文章表現や音楽表現のコンテンツ作成メディアを作ってきましたし，映像表現に関していうと，たとえばスマホをテーブルに並べて，テーブル全体をひとつのタイムラインと見なして，スマホにまたがるジェスチャーで映像をつなげて，すぐに再生してみたりとか，スマホの順番を入れ替えてももう1回やれば，また左から並べた順に映像をつないで再生する，といったことができるようにしました。こういう自分たちが思っているコンテンツ表現が直観的にできるようなテクノロジーを作ってきたわけです。

　これは「サンプリング書道」というもので（[図1]）[*1]，気に入った書

---

*1───── Sampling Calligraphy　−サンプリング書道−
　　　　　http://youtu.be/9hq7HRkp3n0

の気に入った線をパクって，また新しい線として使うことができるようにしたソフトです。デジタルのいいところは後から変えられるところで，かすれ始めのポイントを後で調整したり，さらに濃度を変えたりすることができます。これはウナギの魚拓で遊んでみた例ですが，ウナギの魚拓をサンプリングして，「うなぎ」の「う」というウナギ屋のロゴマークを作ってみました。ほかにも炎をサンプリングして，書と組み合わせることでもう少し荒々しい表現を実現したり，といった作品を作ってきました。

このサンプリング書道では，いわゆる「パクリ」や「コピペ」とされるのではないかと皆さんが遠慮がちに思われるところを，逆に克服する「参照元閲覧機能」をつけています。これは，どんな書のどんな線をパクったかを，むしろ積極的に見られるようにする機能で，たとえばある漢字を作ったときに，この線はなんという，どういう書のどの部分からとったのかをあえて見えるようにする工夫をしているわけです。ほかにはたとえば，花火の線を使ったのかと，あえて気づかせるとか，この「美」という漢字は「金」という漢字から作ったのか，というように，シュールなアートとして積極的に見せるということを実現できています。

● ──── **ものづくりを民主化する**

このように宮下研では，「表現の民主化」をキーワードに，いろんな情報コンテンツの制作技術を推進してきました。

ところが，ここに来て，3Dプリンターをはじめとした「情報を物質に変える機械」といえそうなものが生まれてきました。これによって，僕も正直考え方がいろいろ変わりました。「情報世界でこれまで起

こってきたいろんなことが，もう1回物質世界で起きるんじゃないか」という予感がして，ゾワゾワしたわけです。つまり，僕らの研究室が「デジタルコンテンツ」において推進してきたことが，もしかしたら「フィジカルコンテンツ」に応用できるんじゃないか，という新しい展開の予感ですね。こうした意識の変革を背景に，僕は，これまで情報科学科，あるいは大学院ではデジタルコンテンツ系という組織に所属していたのが，「先端メディアサイエンス学科」という新しい学科をつくって，新しい研究・教育を始めることにしました。

　「表現の民主化」というコンセプトを物質世界に当てはめるとすると，「ものづくりの民主化」ということになるでしょう。けっこうなんでも同じアナロジーで説明できるものです。工場には工作機械がありますが，今までは企業とか大きな組織しかもっていなかったそういうものを，これからは一般の人ももつことができるようになり，自分が欲しいものをぱっと作って使えるような時代が来るということです。これが「パーソナル・ファブリケーション」といわれている潮流です。

　僕はこの「パーソナル」という言葉を見たときに，さらにドキッと来たわけです。情報科学においては，「パーソナル」という言葉は一度見たことがあります。「パーソナル・コンピュータ」の「パーソナル」です。

　1960年代にアラン・ケイが「パーソナル・コンピュータ」という概念を提唱しました。「個人の活動を支援するためのコンピュータがあるべきだ」と考えたわけですね。当時は「コンピュータ」といったら，部屋いっぱいのでっかい「メイン・フレーム」と呼ばれるものでしたから，そんなものを個人のために使うと言っても，たぶんみんな「はぁ？」みたいな感じだったでしょう。あるいは，そのコンセプトにとき

めいてる人たちは,きわめてマニアっぽいごく一部の人たちに限られていたでしょう。そんな時期にパーソナルなかたちでの情報デバイスが必要だとぶち上げたケイは,「ダイナブック構想」を展開します。これがまた今見ると,「iPad」にしか見えないわけですね。

　当時はこういう情報デバイスの必要性を理解する人は少なかったかもしれませんが,結局それはオタッキーなものでも,マニアックなものでもありませんでした。今では僕たちの日常生活に深く浸透して,当たり前のものになってしまいました。こんな経緯が,情報科学の分野であったわけです。だから,物質世界でも同じような展開をたどるのではないかという予感がして,ついゾワゾワするわけです。3Dプリンターも,最後はマニアックなものでなくなり,生活に浸透するに違いありません。

　今,明治大学が中核拠点となって,関西学院大学,慶應義塾大学,山形大学と協力して,「COI-T　感性に基づく個別化循環型社会創造拠点」という国家プロジェクトを進めています。「COI」というのは「Center Of Innovation」の略です。この言葉,けっこうカッコいいので僕もよく使うんですが,本当にイノベーションを起こすという気合いで頑張っています。ちなみに「T」は「トライアル」ですね。

　このCOI-Tのプロジェクトが目標に掲げている言葉が,「創造的生活者」です。今まで僕たちは受動的な消費者だったといえるでしょう。すなわち,万人向けに大量生産された製品,マス・プロダクトというものがあって,それが自分の一番欲しいものでなかったとしても,ちょっと我慢したり,ある程度妥協したりして,それを受け入れて買ってきた。でも,これからは,本当に自分が満足できる製品

を，自分の力で作れるようになる，そういう社会を実現すればいいじゃないか，と考えています。

たとえば料理の「クックパッド」とか，映像・音楽の「ニコニコ動画」のように，人が他人と交流しつつ，クリエイティブにいろいろなものを作ったり共有していくような共創プラットフォームを作れば，インターネット革命で起こったことが，本当にものづくり革命に結びつくんじゃないか，と考えています。

宮下研では，最近3Dモデリングの研究を始めました。一般のCADツールって難しくて，なかなか使いこなせないものなんです。受動的消費者にとっても同様ですが，でもカタログからなんとなくいいなって思うものを選んだり，「ここが好き」みたいな部分を指すくらいならできるわけですよね。これをうまく利用して，より創造的にしようというツールを作っています。

たとえば皿があったときに，「この皿のこの部分が好き」，「この皿のこの部分が好き」っていうように，少しなぞった上でカタログの次のページをめくると，その気に入った要素を，いわば遺伝子のようにかけ合わせて作った，次のカタログが生まれてくる。これを繰り返していくことで，CADのモデリングソフトがなくても，最終的には自分が欲しいものを手に入れられる，という試みをやっています。

●───「女神」初音ミク，降臨！

ここまで背景知識と自己紹介をお話ししてきましたが，ここで少し時代を遡ってみましょう。

2007年，宮下研究室が立ち上がった年です。このときに「女神」が降りてきました。だんだん皆さんお待ちかねの話に近づいてきま

した(笑)。情報科学科で「表現の民主化」というちょっと変なキーワードを掲げて研究室を立ち上げたのが2007年5月。コンテンツ制作ソフトウェアを目指す研究者として，なにか実感が持てるようなものが欲しかったわけです。そして，そのタイミングで，8月に「初音ミク」が発売になりました。「これだ！」，本当にそう思いましたね。

つまり，さっきの「音楽表現の民主化」の枠組みの中で，ぴったり捉えられるわけです。初音ミクの発売前までは，「女性ボーカルをプロデュースする」なんてことは，一部の人たちしかできなかったのに，これからはそれが一般大衆にも簡単にできるようになる。これはアツい！　すぐに佐々木渉さんにご連絡して，「ディジタルコンテンツの未来」というシンポジウムを開き，大いに盛り上がりました。このときはデジタルコンテンツの未来を，まざまざと見せるところまではできなかったかもしれませんが，「かいま見せる」ことには成功したと思っています。このときにはメディア・アーティストの岩井俊雄さんが「TENORI-ON」のデモンストレーションを行ったり，平野友康さん，ゲームデザイナーの水口哲也さんや，書道家の武田双雲さんも，ディスカッションに参加してくださいました。

では，その後どうなったのか？　それは，ここにいる方々なら皆さんご存じだと思いますが，このCMを再生することでご紹介に代えさせていただきましょう（[図2]）[*2]。

本音をいうと，このCMは相当美化されていると思います。そもそも「YouTubeだっけ？（笑）」とか，いろいろ思うこともあるんです

---

*2 ─── Google Chrome : Hatsune Miku (初音ミク)
　　　https://www.youtube.com/watch?v＝MGt25mv4-2Q

[図2] CM映像「Google Chrome : Hatsune Miku (初音ミク)」

が,それでも少なくとも何かは起こった。それを共有できた時間が2007年から今までの間にあったことは間違いありません。

「初音ミク」を中心とするムーブメントは,少し新しい潮流を見せはじめています。それは「初音ミクの実体化」とも呼べる動きです。初めて「初音ミク」がこの世に生まれたときには,歌声とパッケージ,イラストしかありませんでした。でも,そのキャラクターをなんとか実体化したいという気持ちをもっていたユーザーがたくさんいたわけです。そういう夢が,音楽やアニメーションという世界だけじゃなくて,ロボットとか,フィギュアとか,バーチャル・リアリティとか,そういう動きにまで広がって,「実体化」しつつあります。

明治大学の米沢嘉博記念図書館は,そこに着目して,「次元の

壁をこえて　初音ミク実体化への情熱展」（2014年1月31日〜6月1日）という展示を開催しています。今日のシンポジウムのパネル・ディスカッションでは，この「実体化」を大きなキーワードのひとつにしたいと思っていますが，こういうものを目の当たりにすると，やっぱり日本もまだまだ捨てたもんじゃないなと感じます。初音ミクの実体化の向こうに，日本のものづくりの未来や産業の未来が見えてくる気がするわけです。

●───CGMムーブメントを振り返る

しかし，そもそも初音ミクを中心としたCGMのムーブメントというものが，本当にちゃんとあったのかとか，ちゃんと成功した事例なのかとか，まずそういうことから捉え直したほうがいいかもしれません。本当は見えていないところがたくさんあるはずです。そして，成功したところもあれば，やってみたけど効果がなかったところもあるかもしれない。

見えているところ，見えていないところという観点でいうと，インターネットにせよ，パーソナル・コンピュータにせよ，初音ミクにせよ，そのテクノロジーの部分だけに着目していては，おそらく全体が見えないでしょう。インターネットも社会運動だったし，パーソナル・コンピュータも社会運動としての側面があったからこそ，時代を動かせたのだと思います。初音ミクもまさにしかり。ですから，このムーブメントをここで多面的に見ておきましょう。

そこで今日は，初音ミクの生みの親である佐々木渉さんにお越しいただいて，実情を伺おうと思います。ぶっちゃけトークや暴露話，実は失敗したって話も，ぜひ聞かせてください。なにか仕掛けをや

ったのであれば，それもぜひ。ふだんは禁じ手のそういうお願いを，今日は佐々木さんにしたいと思っています。

次に，ドミニク・チェンさん。ドミニクさんは，ネット時代の創作文化について，非常に深く，広く，いろんなことをご存じなので，やっぱりドミニクさんにも美しい話とか哲学的なことだけではなく，実態について伺いたい。制度的な側面でそれを支えるということがあるのだとしたら，それはやっぱり大事なものなのか，もしかして大事じゃないんじゃないか，くらいの話を聞きたいと思っています。

東京メイカーの毛利宣裕さんと中村翼さんにもお越しいただきました。2014年2月に中野ブロードウェイに「あッ3Dプリンター屋だッ!!」という店が，オープンしました。日本初の試みなんじゃないかなと思いますが，3Dプリンターを売っているんじゃなくて，「こういうものを作りますよ」っていう，欲しいものがあったら，それを作ってくれるお店です。まさに人々の生活空間の中にその店を作り，運営していらっしゃるわけですね。そこにいったいどんなニーズが集まってきたのかを，やはりお伺いしたい。そこにおそらく，創造的生活者が求める本当のニーズが見えてくるでしょう。

長くなりましたが，今回のパネラーの方々をお呼びした経緯は以上です。

では，まず佐々木さんから，どうぞよろしくお願いします。

ノイズとしての「初音ミク」

佐々木渉（クリプトン・フューチャー・メディア株式会社）

佐々木渉（ささき・わたる）
1979年札幌市生まれ。2005年クリプトン・フューチャー・メディア株式会社入社。同社メディアファージ事業部初音ミク制作担当。「初音ミク」の企画制作を開発当初から担当し，以降現在まで同社の音声合成関連プロジェクトの企画に継続に携わっている。

●────VOCALOIDとは何だったのか

　私は，札幌の「クリプトン・フューチャー・メディア」という会社で，2007年当初から2012年くらいまで，「初音ミク」の企画の立ち上げからそれに続くさまざまなプロジェクトに関わってきました。

　今回，「初音ミク」の「モノ化」とか「実体化」がテーマということで，明治大学さんからご依頼をいただいたんですが，実はそのお話をいただいたとき，困ったんですね。

　というのは，「初音ミク」は，歌とか曲という切り口からなら，CGMの流れで非常に説明がしやすいんです。ただし，「実体化」をテーマにするとなると，なかなか難しい。今はふだんから「ものづくり」に情熱を捧げている方々が，「初音ミク」を立体物で巨大にしたり逆に顕微鏡でしか見られない極小サイズにしたり，もしくは実体化とはちょっと違いますが，ソフトウェアとして「初音ミク」を使ったりして，いわばCGM文化を底上げするような試みをされている状態です。

　その人たちの中には天才エンジニアのような人もおりまして，広

い意味での「ものづくり」として「初音ミク」に関わってくださった方が，趣味的に考えた「初音ミクをこういうふうに表現したら面白いんじゃないか」というアイデアを手際よくまとめてくださったり，プログラム等を権利が開かれた形で公開してくださったことが大きいなと思います。ただそういった部分は，CGMの文脈で語ると，少し変なことになるのかもしれません。

「初音ミクの実体化」という点は，僕の方では説明したりするのがなかなか難しいところもあるんです。そこで今日は，「初音ミク」を，現在の立場から振り返ったときにどう見るかとか，これからどういうふうに考えていかなきゃいけないかということに触れられればと思っております。

まず，VOCALOID現象を振り返るところから，時系列順に話を追っていきましょう。「初音ミク」リリース前には，「MEIKO」と「KAITO」というソフトがありました。その頃は，VOCALOIDは「歌を歌うソフトウェア」として，プリプロダクション用として販売されていました。プリプロダクションというのは，ここでは家で曲を作る際に本番の歌のガイド用に入れておく仮歌のことですね。その時に使う「歌のソフトウェア」として，「MEIKO」と「KAITO」が発売されていたんです。でも，それが実際に人間の代わりになるとは考えていなかった。

ただ，正直「MEIKO」も「KAITO」も，主にYAMAHAさんの開発費が億単位でかかっているのに全然売れなかったんですね。このままだと厳しいと。当時は，YAMAHAの担当者さん2人，クリプトン側は僕とバイト君2人の主に4人で，VOCALOIDのプロジェク

トが進んでいました。まだインターネットや他のメーカーも参入されてなくて，日本でVOCALOID関連といったら数人レベルとされていた時期のことです。このままじゃちょっとマズいから，もう少し今までとは違うアプローチをしましょうということで，キャラクターを作りこんで，声も可愛らしくしたりして，「初音ミク」をリリースすることになりました。これがヒットしまして，VOCALOIDのプロジェクトはこの後も続いていくことになります。

その楽曲とキャラクターが，ニコニコ動画の中で広がってきて，さらにそれを補強するかたちで，権利をオープンにしていく流れが生まれました。二次創作同士でコラボレーションをしやすくしたり，楽曲等をアップロードできる「ピアプロ」というサイトを弊社でオープンしたり，「pixiv」がオープンしたり，その後，「MikuMikuDance」という非常に優れたフリーの3DCGムービー製作ソフトを公開する人が出てくることになりました。そこからさらにファンが増えていく中で，SEGA等々の企業も参入してきました。

この頃はまだ，この「初音ミク」の広がりに対して，うちの会社も恐る恐る取り組んでいましたが，その後，supercellさんのアルバムが商業的に成功したり，VOCALOIDのコンピレーションCDがすごく売れたり，海外でそれがまた人気だということが見えてきます。その中で，クリエーターもファン層も，ともに低年齢化といいますか，中学生，高校生にも広がっていくようになっていきます。当初は「初音ミクとしての心情」を歌うような，キャラクターソングに近いものも多かったんですが，そこからロック系の楽曲や，いろんなタイプの楽曲が出てくることになりました。

だいたい同じころに，キャラクタービジネスにも手を出すようにな

りました。商業色が強まっていくんです。ニコニコ動画の中でも「歌ってみた」などが広がりを見せるうちに，その運営自体も黒字化したりと，全体的に少しずつ，アンダーグラウンドでオルタナティブだったものがメジャーになってきます。

　その中で，我々のその後の活動方針を決定づける事項として，海外でのライブが成功を収め，さらに先ほど流れていたGoogle ChromeのCMが地上波で放送されて，そこでマス・アプローチといいますか，一般の方に向けて，バーチャル・シンガー，バーチャル・キャラクターとしての「初音ミク」が受けいれられてきました。直近ですと，レディ・ガガの前座をさせていただいてますね。

●────解体される「初音ミク」

　ここからちょっとずつ話を崩していきます。まずは，今僕が説明したようなことが「初音ミク現象」だったのかということですね。僕は，違うと思っています。今の話は，捉えやすく，都合のいいところ，認識しやすいところを，かいつまんでトピックスを並べただけのことだと思うんです。もし「初音ミク現象」というのであれば，大量の動画やイラストがニコニコ動画やpixivにアップロードされ，カラオケで歌う女の子たちが現れ……といううねりのようなものが，「初音ミク現象」に近いんじゃないかと思っています。例えば，若い女の子は，「いろいろ歌があって……自分の好きな曲と嫌いな曲もあって」「なんとなく緑で可愛いイラストも初心者っぽいイラストもあって……自分も参加しようと思ったら出来そう……カラオケでも歌うかな……」といった，ふんわりとしたニュアンスだけで初音ミクを捉えていると思います。何となくいろいろポップで自由が許されている感じ。むし

ろこのニュアンスが大勢にとっての本質だと思います。なので，大きな出来事だけを捉えていくだけでは，本質からむしろ離れていってしまうと思うんですね。

「初音ミク」は，もともとVOCALOIDであり，歌を歌うソフトであるというところから出発しています。僕も7年前の今ごろは100％そのつもりでした。ただ，「歌を歌う」ということには，それ以外の要素も含まれています。つまり，歌を歌っている時の姿だとか，歌を歌っている人はどういう心境なのかとか，そもそも歌を歌わせているのは誰なのかといった，本来人間であればあるはずの歌にまつわるさまざまな要素が，「初音ミク」は空欄になっていました。その空白を想像力で埋める余地があったと思います。

でも，VOCALOIDないし「初音ミク」におけるキャラクター性がひとり歩きを続けることが歓迎すべきとばかりもいえないと思っています。「実体化」を中心とした，人工的に作られた女の子を現実化する流れの中で，「歌を歌う」ことの優先度が下がってしまう可能性があるわけです。そこで「歌を歌う」という部分を中心にして組み立てていかないと，「初音ミク」は残り続けるけれども，VOCALOIDの開発は終わってしまうというような笑えない状況が起こりえる。僕はその危険性をかなりシリアスに考えています。

「初音ミク」は，コピーができるデジタル・データとして，ソフトウェアとして生まれているわけです。声も姿も，設定も，いろいろ加工と改変ができる。「初音ミク」ではなくて，そのパロディを作ったり，「初音ミク」に似た何かに改変することも可能なわけです。こういった諸条件を考えていくと，「初音ミク」っていうのは，いわゆるデジタル・ノイズに近いものなんじゃないか，いや，むしろ「初音ミク」そ

のものが雑音的なものなんじゃないかなと考えているんです。

　こういった話をあまり人前ですることはなかったんですが，よく「初音ミク」を作ったということで，「音楽とかされてたんですか?」って聞かれることがあるんです。今までは「してないですね，いやー若いころにちょっと」みたいなかたちで逃げてたんですけど，実は僕，10代の頃に，ノイズ・ミュージックとか，音響彫刻と呼ばれるようなマニアックな領域にどっぷりハマっていたんです。もっとも敬愛しているのは，きわめてマイナーですが，フランソワ・ベイルって作家でして，音そのものをすごく立体的かつ抽象的に作ったり語ったりした人ですね。

　「初音ミク」で音楽を作る興味じゃなくて，「初音ミク」を構成する音ひとつひとつの成分，たとえば「か」っていう音があった時の「k」っていう音と「a」っていう音が別々になっていて，その「k」の高い周波数が気持ちいいとか，そういうことを考えるような，わりとヤバい領域に入っていたわけですね。当時はノイズ・ミュージシャンだとか，コンセプチュアル・アートに近いようなフランスとか日本の方々を追っかけたりしてましたから，いまだに「k」とか「s」の音をきれいに加工して，「ああ，これでもうちょっと『初音ミク』の発音がよくなるかもしれない」みたいなことをやっている自分を考えると，なんの因果かと思うところではあります。

　デジタル・ノイズのところをちょっと掘り下げます。「初音ミク」って，最初せいぜい3枚ぐらいのイラストと声の印象でしかなかったわけです。それが増殖したと言われたりもしますが，実際には増殖したというより解体されてきたんじゃないかと思っています。

　先ほどご説明したように，「初音ミク」の設定が空白にされている

という部分とかわいい声とが相まって，基本的にはいろいろな曲ができてきたわけですね。

　私としては，「初音ミク」のかわいらしい声っていうのは，ある意味たまたま初めてのVOCALOIDであったから，という印象が強いんです。たとえば最初の「初音ミク」の録音の時に，藤田咲さんという，声を提供してくださった女性の声優さんは，当然DTMに詳しいわけじゃないので，録音された音がどう組み立てられるのかわからないままでした。今でもそれぞれの声優の皆さんは詳しく知っているわけではありません。なんとなくつぎはぎされているイメージで留まっているのです。苦しまぎれの説明はもちろんしたんですけど，事務所さんにも「説明されてもVOCALOIDのイメージができません。なんか怖いです」と言われました。録音の現場では「私はどうすればいいですか？」と聞かれて，「あ，じゃあなんか，かわいらしい声でお願いします」「わかりました。じゃあ，もうそのことにだけ集中します」ということで，割りきって3時間収録した結果が「初音ミク」になったわけです。

　その後，「初音ミクAppend」という「Dark」な初音ミクや「Sweet」な初音ミクも録音し製品化しました。これは，初音ミクという存在の認識において，藤田咲さんを録音したものを「初音ミク」とするのであれば，いろんな藤田咲さんを録音したものもまた「初音ミク」ということになるのか，とかいう発想ですが，細かくいうと間違っていて，藤田さんが少年の声を出したらミクではないので，ユーザーやファン側の認識なんです。私としては，いろいろな初音ミクと解釈できる要素をまたクリエーターさんが組み合わせてくれたら，面白いことになっていくのかなということで，「初音ミクAppend」ができました。

その結果，いわゆる下北系とか，エレクトロニカみたいな，ちょっとマニアックな音楽を，「初音ミク」らしくない，暗かったり，ちょっと硬い声で作ってくださる方も増えています。それもまた「初音ミク」であるとファンの方々も認識してくださった中で，「初音ミク」がある面で解体されて広がったのかなと思います。

キャラクターとしては，リリースされてすぐ解体されはじめましたね。「はちゅねミク」の「ネギを振っている」というのは，いまだに解けない楽しい呪縛ですし。「亞北ネル」や「弱音ハク」のような，初期の「初音ミク」をパロディ化したキャラクターも，非常にリアリティがありました。「シテヤンヨ」みたいなメチャクチャな感じのアプローチから，初音ミクをもっとかわいくCG的にアップデートしたような「Lat式」や，「はちゅねミク」的なアプローチは「しゅしゅミク」みたいなものにも繋がっているのかなと思います。

企業側でも，ゲーム「Project DIVA」で作られた，SEGAのプロの方々によるCGの「初音ミク」や，「スーパーGT」という，音楽とは関係がないようなプロジェクトで出てくる「初音ミク」や，「ねんどろいど」そのままで着ぐるみを作ったはずだったのが，ちょっと違う雰囲気になってしまった「ミクダヨー」とかも，キャラクターの広がりが自由であるってことで，皆さんに許容されてきました。

当初「初音ミク」は公式のイラストの格好をしていることが多かったんですけれど，あれは，現実にそのへんを歩いてたら警察に声かけられるような格好ではあるので，もうちょっと普段着っぽい「初音ミク」が楽曲の中で使われることが増えてきています。

● ───　「初音ミク」は進化し続ける

　ノイズの話に戻しましょう。「初音ミク」がノイズ化し続けているっていうのはどういうことか。キーワード検索をしたら，端っこに「初音ミク」のYouTubeの曲が出てきたり，画像検索でなんか見たことのある緑色の髪の女の子がいたり，といったことがネットの中で起きますね。ネットユーザーが意図しないところに出てくる初音ミクの履歴……これが私が考える一種のデジタル・ノイズとしての初音ミクです。一般の方が，「初音ミク」っていう名前もわからないまま，この緑の髪の女の子，よく出てくるなあ，みたいに思うことは，「初音ミク」を知ろうとして検索して知るって感じじゃなくて，「初音ミク」と，ネットですれ違う感じです。これはイレギュラーなので，デジタル領域の落書き的な見え方もあって，はっきり分けられたデジタルの世界の中では，なかなか面白いのかもしれません。

　「初音ミク」は，クリエーターによって，それぞれ違う気持ちや思い，歌詞の世界観やメッセージ性やイメージをもたせられます。このそれぞれ違うのが「初音ミク」であると思っていただけてることそのものが，いろいろな初音ミクが混線して視聴者の思い込みに落ちるので，十分にノイジーだと思うんです。逆説的にいえば，誰がどのように作っても，「初音ミク」は表現できるわけです。イラストのうまいヘタとか，そういった次元の話ではなくて，「初音ミク」っていうのは，「初音ミク」と認識された瞬間に「初音ミク」になるんですね。全然関係ないアニメのキャラクターが，ツインテールで緑っぽい髪の色にしてあるものを見ると，ファンが全部「初音ミク」のパクリに見えていた時期があったらしいですが（笑）。

　「初音ミク」というのは，アニメのストーリーのような強い印象の中

心軸がなく，さまざまな形で広がりをもたせて，非同期で展開ができるキャラクターです。それが個人のレベルで取り回しができているのであれば，「初音ミク」は消えないんじゃないか。当初こういった「実体化」が行われてきた背景には，「初音ミク」でまだやったことのない，「こういうことをやったら面白くて注目が集まるんじゃないか」という側面が多分にあったように思います。誰もやったことのないような「初音ミク」に対するアプローチをいち早くニコニコ動画で展開して，「これ面白いですよね？」と見せるサイクル，それは「初音ミク」の実体化につながるような，技術と「初音ミク」の応酬みたいなものだったと思います。

　今は飽和感のようなものがもちろんないわけではないですし，実際ニコニコ動画の中での楽曲の投稿数も，少し落ち着きを見せています。では，今後どうなっていくのか。先ほどもちらっとお話ししましたが，VOCALOIDとかは，どういうかたちであれば継続していけるのかについて，我々も考えていかなければいけないなあと思っています。

　まず，「初音ミク」をより強く実感する切り口が続いていく必要があるでしょう。そのひとつが実体化であり，もうひとつは，まあVOCALOIDですから，歌の表現力を高めることかもしれない。人間に近づく近づかないという次元の話ではなくて，より高らかに歌えるようになるとしたらどうか。アンドロイドを開発したとしても，例えば走る速さまで人間をまねる必要はなくて，もっと速いスピードで走ってもいいわけですよね。それと同じように，VOCALOIDも，人間の歌の表現ではできないようなことも織り込んでいって，それが例えば2年に1度ぐらいはアップデートされるというサイクルを続け

ていく展開を，これから続けていかないといけないのかなと思っています。

　「初音ミク」の音楽表現が時系列的になんらかの進化や変化をしていると皆さんに認識してもらうこと。それとやっぱりユーザーの皆さんの方でも，動画を投稿したり，実体化というかたちで「初音ミク」を表現すること。「初音ミク」の音楽面に期待がなくなれば，たぶんVOCALOIDのアップデートに誰も期待しなくなるでしょう。「初音ミク」の歌声ってこんなもんだよねっていうところで終わってしまうのであれば，そこでやっぱり止まってしまうんで。そういう技術の発展を止めないために何をしていかなければならないのかと考えることそのものが，ネットで生かされている「初音ミク」の本質だと思っています。

表現者が自由に面白いことができるように
ドミニク・チェン（NPO法人コモンスフィア理事）

ドミニク・チェン（Dominick Chen）
フランス国籍。UCLA Design/MediaArts専攻卒業，東京大学大学院学際情報学府修士課程修了，同大学院博士課程修了。博士（学際情報学）。NPO法人コモンスフィア（旧クリエイティブ・コモンズ・ジャパン）理事として，新しい著作権の仕組みの普及に努めてきた他，2008年に創業した株式会社ディヴィデュアルでは「いきるためのメディア」をモットーに「リグレト」（ウェブ）や「Picsee」（iPhone）など様々なソフトウェアやアプリの開発を行っている。著書に「電脳のレリギオ：ビッグデータ社会で心をつくる」（NTT出版）。

●——「クリエイティブ・コモンズ」の仕事

ドミニク・チェンと申します。われわれ「クリエイティブ・コモンズ」は何をしてる団体かと言いますと，最初に宮下さんがプレゼンテーションで「表現の民主化」とおっしゃいましたが，それとまったく同じ理想を共有する団体です。

具体的なアプローチとして何をしているのかというと，たとえば「初音ミク」というソフトウェアやコンテンツメディアなりの，一番面倒くさくて実感しずらい部分である著作権をクリアして，クリエーターの人たちが自由に表現が行えるように，「表現の民主化」が行えるようにするという仕事で，これを2002年からアメリカを中心にやっています。日本でも8年ほど活動をしていまして，最近では『フリーカルチャーをつくるためのガイドブック』（フィルムアート社）という本でその歴史の紹介なども行っています。

最初に簡単におさらいします。インターネットが2000年代初頭に

世界的に普及するようになってきてから，著作権の問題がいきなり前景化してきました。わかりやすい例でいえば，自分の好きなバンドのポスターを自分の部屋に貼るのは，何の問題もありません。ただ，「このバンド好きなんですよ」みたいにしてその画像を自分のブログに張っちゃった時に，実はその画像には権利があって，それを勝手に使ってはいけないと，構造的にそれは違法になってしまいます。そういうふうに、他者に権利が属する情報を使用すると、ただちに著作権という法律の問題が出てきてしまいます。

　何かを表現するとそこに必ず著作権が生まれます。現行の法律だと，この©マークで囲まれてしまうことになる。そうすると，表現した権利者がたとえ望んでいるとしても，他の人がそれを改変したりリミックスしたりしてしまうことが法的に違法ということになってしまう。でも，使った側は「クリエーターはいいって言っているよ？」とキョトンとしている状態なわけですね。

　そこで「クリエイティブ・コモンズ」が何をするかというと，クリエーターが合法的に「私の著作物は，みなさんがこういうルールに則って使ってくれれば，まったく問題ありません」という意思表示を広めていくことです。それも，著作権を否定するのではなく，著作権法に則ったライセンスを作るかたちで進めていくことです。私たちはそれを🅫マークで表しています。

　現状の著作権の状態を考えると，一方の極に「パブリック・ドメイン」，つまり著作権の保護期間が過ぎて，権利が失われた状態があります。それをうまく使っているのが，「青空文庫」です。みなさんご存じだと思いますが，著作権の失効している状態になっている文学作品をネットに上げて，誰でも自由に使うことができるようにし

てあるサイトです。

「クリエイティブ・コモンズ」はちょうどこの©とパブリックドメインの間の中間層をつむぐグラデーションになっています。作者の氏名さえ表示すれば商用利用してもいいしリミックスしてもいい，というライセンスから，作者のクレジットを表示しなきゃいけないけれど，改変はダメ，商用利用もダメ，というライセンスまで，いろいろな段階があります。クリエーターが，自分の作品がこう使われてほしいという条件を，その都度6つの段階の中から選ぶことができます。

こういうオープンな創造の世界を広めようということで，10年間活動してきたのが「クリエイティブ・コモンズ」です。この10年で，全部列挙することができないくらい多くのサービスで使われてきました。たぶん一番みなさんの生活の中で近いのが「Wikipedia」だと思います。「Wikipedia」の記事は全部「クリエイティブ・コモンズ・ライセンス（CCライセンス）」で公開されているので，それを商用利用することもできるし，改変することも許されている。

興味深いところだとホワイトハウス，アメリカの大統領府ですね。ここのサイトもユーザーのコメントは全部CCライセンスがついています。あとはMITなどの大学の教材とか，YouTube，Vimeo，Soundcloud，flickrにおける動画，音楽，画像などですね。あとは有名なところでは，TEDのビデオも，「クリエイティブ・コモンズ」です。こういう目立った例は海外が非常に多いですね。

日本はどうかといいますと，2012年末に，ここにおられる佐々木さんも所属されているクリプトンさんから，海外向けに初音ミクの公式パッケージが「クリエイティブ・コモンズ・ライセンス」で公開されることになりました。国内ではクリプトンさん独自の「ピアプロ・キャラ

クター・ライセンス」が使われていますが，海外への普及をより目指すかたちで，このCCライセンスがつきました。

このCCライセンスのついたコンテンツの数の統計をずっととっているんですけども，正確な数の把握はかなり難しい。ただ，およそですけど，2011年末の段階で，約4億から5億個のコンテンツが公開されています（2014年11月の最新の統計では8億8千万個という結果が発表されています）。面白いところでは，今年の2月に，警視庁が公式キャラクターを「クリエイティブ・コモンズ・ライセンス」で公開しています。

日本の状況を見ると，やっぱりマンガ文化やアニメ文化の方からこの動きに注目される向きが多いですね。これも去年の事例ですが，講談社で惣領冬実さんが描かれている『チェーザレ　破壊の創造者』というマンガがありまして，この漫画の副読本のPDF版がCCライセンスで公開されています。

● なぜ二次創作が生まれるのか

私たちの団体は今は「commonsphere（コモンスフィア）」という名前にしていまして，「クリエイティブ・コモンズ・ライセンス」もやるし，日本から「クリエイティブ・コモンズ・ライセンス」のような独自のシステムを提案することもやっています。

去年から展開しているのが，この「同人マーク」です。宮下さんからさっき「制度ってほんとに重要なの？」と挑発をいただいて（笑），当然「重要だよ」とお答えしたい一例なんですけれども，詳細を話すと長くなるので，適宜要約しながらご説明します。

いま，TPPの交渉がいま秘密裏に進められていまして，そこで知

的財産と著作権をどう扱うかという問題が出てきます。アメリカから日本に押しつけようとしているルールがいろいろありますが，一番問題なのが「非親告罪化」というもので，これはまさにさっきお話ししたような，当事者間は改変していいよといっているにもかかわらず，法律で禁じられているからというので，警察がコミケに入って，「それ，許可をとってないから逮捕します」ということが実際に起こってしまうわけです。そうするとコミケの文化はものすごく萎縮してしまうでしょう。それってナンセンスだよねっていうことから，マンガ家の赤松健先生に中心人物になっていただいて，それに対抗する動きを作ろうとしています。

これは2013年の夏に公開された赤松健先生の『UQ　HOLDER！』という新連載なんですが，同人マークがついています。同人マークがついているものは，コミケなどで同人マークの規定に従って自由にこの『UQ HOLDER！』の同人作品を作っていいよ，という意思表示になっています。ネットで，「この同人マークがついてないと同人誌を作ってはいけないのか」と誤解されている面もあるんですが，そうではなくてこの同人マークがついていると，より安心して，つまり作者が許可をしているので，非親告罪を適用しずらくなるということです。当事者間で合意があり，しかも著作権法に則った形態になっているので，合法ですよというメッセージですね。

ところで，コミケは稀有なダイナミズムを持つもので，そこにネットの二次創作の秘訣というか秘密のソースみたいなものがあるんじゃないかといろいろな人が言っていますね。

最近，ドワンゴとKADOKAWAが経営統合するという，非常にエキサイティングなニュースがありましたけれども，ドワンゴの会長

である川上量生さんがおっしゃっていることは，僕が「クリエイティブ・コモンズ」で考えていることに非常に近いのでご紹介したいと思います。

どうして二次創作というものが生まれるのか。先ほど宮下さんから「それは人間の根源的な欲求だ」，表現することというのはお金儲けだけに還元することはできない，というお話がありました。それにも関連すると思いますが，二次創作を認めて，それがソーシャルに広がっていくことを，川上さんは「コンテンツの寿命を延ばす」と表現されてます。その感覚はすごくよくわかるんですね。

先ほど佐々木さんが最後におっしゃった「飽きられてしまう」とか，面白みや新鮮味をどう担保するかという問題は，新陳代謝がよくなるように構造として設計するだけではダメで，どういう仕組み作りに参加するエンジニアや，コンテンツ作りに特有の才能をもった人たちがいなければ実現しません。現実問題の著作権の障害といった問題をクリアして，二次創作を推奨することによって，よりコンテンツの表現者たちが自由に面白いことができるようにするというスタンスが重要だと思っています。

僕個人も別に法的な議論が大好きなわけではありません。面白いものが見たいし，面白いことに参加したい。でも，面倒くさいは面倒くさいけれど，それをやっておけば，面倒くさいことを言ってくる人も減ってくるだろうという思いをモチベーションにしてやっているところもあります。

ちょうど今，総務省の検討会というものに呼ばれていまして，「ファブ社会」をどう実現するかという提案を，今月末に委員会の方でまとめて公表します。「ファブ」っていう言葉は，3Dプリンターやレ

ーザーカッターなどの，三次元化する，実体化する動き全般を指していますが，まさにこのデジタルからリアルへの情報の転化をどうやって制御するかというところにも権利の問題が絡んできています。既存のウェブの二次利用の広がりだという話から，どう三次元の世界，ファブの世界に展開していくかという話の中で，そうした新しい著作物に付与すべき新しいライセンスの話もしています。

　たとえば，「flickr」という世界最大規模の写真共有サイトがあって，そこには何億枚とCCライセンスが付けられた写真がありますが，たとえば「非営利だったら自由に使っていい」という窓口もあるけれど，それを企業が使いたいと言ったときにはお金を頂きます，というふたつの窓口が設けられるようになっています。この構造を「デュアル・ライセンス」と呼ぶんですが，そういうフォトサービスによるコマーシャル・ライセンシングとクリエーターへの配分，収益の分配を考えるためのモデルというものは非常に参考になるのではないかという話をしています。

　これは「GitHub」っていうウェブサイトのマスコットの「Octocat」くんが，ちょっと日本風のコスプレをしている絵です。「GitHub」っていうのは，「Git」のウェブサイトですね。「Git」が何かというと，「分散バージョン管理システム」で，最近の若い人だったら特に「Git」は日常的に使われているでしょうが，主にオープンソースのプログラミング，ソフトウェアの開発の現場で，世界中で使われています。

　この構造が非常に面白いんです。たとえば，Wikipediaっていうのは，1個のバージョンに収斂するためのものですね。ひとつのある正しい正解にたどり着くためのもので，たとえば「初音ミク」っていう項目があったら，その記述に嘘を書いちゃダメ，事実や歴史

と反するものはダメ，ということになります。だけど，「Git」の世界では，あるものをベースに全然違うものを作りたいと考えたときに，それを「forkする」という行為があって，正解に収斂するのではなく、異なるバージョンが複数併存できるんですね。これはソフトウェアの世界では非常に合理的で意味がある行為なので，すごく広まっています。

● ──── **プロセスを可視化すること**

僕はこれをコンテンツの世界に持ってこられるんじゃないか，というアイデアを考えています。ものを作るときに，誰がどういうバージョンを作っているのか，誰のソースをフォークしているのかという継承関係も含めてトレースできると，いろいろと新しい価値が可視化できるようになると思うんですね。経済的な利益を伝播させるやり方とか，ある人が他の人のものを見て，どれだけ学習できたかという学習効果の評価とか，あとひとつ，法的な課題というのがあって，「製造物責任法」みたいな，ソーシャルなファブリケーションの世界に対応した，製造物責任の話ですね。こういう解決したり議論すべき点はどんどん生まれています。

今までオープン化というと，権利の話が主でした。ただ，それだけではちょっと単純化しすぎていると思うんです。じゃあCCライセンスを貼ればいいのかというと，そういうわけでもない。「初音ミク」の現象はもっと複雑で，制度としてそんなに単純ではない。でも他の側面で，面白い人が集まってきたり，パッケージのデザインであったり，藤田さんの素敵さであったり，本当にさまざまな要因が複雑に相乗効果を起こして成功しているわけです。

権利の話は，とにかくクリアにしていかなきゃいけない話なので，僕としては，引き続き粛々とやっていくしかないと思っています。それよりも作品の生成プロセスみたいなものを，お互いに知らせることの方がカッティングエッジで面白いと考えています。それはまさに「Git」で起こっているし，「初音ミク」の文化の中でも起こっていることなんですね。

　いまお見せしている映像は僕の会社で5年くらい前に作ったTypeTraceというソフトウェアのものです。文章をワープロで書くときに，タイピング一字一字を記録して再生できるソフトを作って，それで小説家の方に3ヵ月にわたって新しい小説を書いてもらったものです。そうすると，テキストを書いたプロセスが全部見えることで，非常にさまざまな発見があるんです。さっきお話ししていた，ソースをオープンにしていく，お互いに使っていいよ，というかたちにしていくのが横の広がりだとすると，今後は縦の方向，つまり作者が何を考えていたかとか，どういう経緯でそのものができあがってきたのかまで見えていく世界があれば，より相互の創造行為を刺激する状況になってくるのではないかと思っています。

　ひとつ危機感を抱いているのが，PCからスマホへの主要デバイスの移行が非常に多いことですね。どうしてこのことに危機感を覚えているかっていうと，単純化していうと，PCというものは生産を重視したツールなんですね。いろんなことができて，1台の中にPhotoshopも入っているし，Illustratorも入っているし，プログラミング環境でもなんでも入っている。だけど，いまのデジタルネイティブな人たちは，特にスマホで時間過ごすことが多くなっています。そういう人たちが過半数になってきた社会の中で，CGMがどうや

ったら盛り上がっていけるのか，本当にそこに危機はないのかってことを，真剣に考えているところです。

パーソナル3Dプリンター革命

毛利宣裕(東京メイカー)+**中村翼**(東京メイカー)

毛利宣裕(もうり・よしひろ)
高校1年のとき光造形を知り，北海道工業大学で竹内茂教授に師事。1997年株式会社インクス(現ソライズ(株))に就職。現在は栄光デザイン&クリエーション株式会社で3Dプリンター・エンジニアとして働く傍ら東京メイカーとして5台のパーソナル・3Dプリンターを購入し，3Dプリンターでしか造れない作品を創る活動を行っている。2014年2月 中野ブロードウェイで3Dプリント・サービスの(株)東京メイカーと，3Dモデリング・サービスの(株)ストーンスープと共同出資で『あッ3Dプリンター屋だッ!!』をオープン。

中村翼(なかむら・つばさ)
日本大学芸術学部大学院卒。大学で美術やプロダクトデザインを学ぶ。2006年から3DCADエンジニアとしてプロダクト開発／ロボット開発に携わる。その後2009年から3Dプリントを個人向けサービスの新規立ち上げを行う。2011年 新しい産業を産む"会社"として株式会社ブレインバスのCo-founderの1人として勤務。現在は東京メイカー × ストーンスープ × ミライスの共同出資で日本初3Dプリントショップ『あッ3Dプリンター屋だ!!』の店長(仮)としてパーソナル・3Dプリンターで起こるイノベーションの研究調査をしている。

●────みんな欲しいものがわからない

毛利 皆さん，こんにちは。東京メイカーの毛利と申します。

中村 中村と申します。今日は東京メイカーを代表して，毛利と，私中村がご説明させていただきます。

　毛利は工業用3Dプリンターのプロのエンジニアをしています。工業用の3Dプリンターには，大きく2種類あります。まず，「光造形」と呼ばれるもので，硬化樹脂をレーザーで固めて積層していくものです。もうひとつが，「粉末造形」と言いまして，PM20から5ぐらい

の粉末を固めて,できあがったら芋を掘るように取り出してくるものです。

その一方で,パーソナル3Dプリンターというものがあります。工業用ではなく,個人向けですね。これは実際に中野のブロードウェイのお店にあるものですが,これはFDM, fused deposition modelingという,プラスチックを溶かして積み重ねていく手法を使っています。

で,東京メイカーは何をしているかといいますと,工業用の3Dプリンターじゃなくて,パーソナル用の3Dプリンターを使用してものを作っています。

その先の話に進む前に,東京メイカーとしての簡単な歴史をご紹介します。2012年4月に,初めてパーソナルな3Dプリンターというものが発売されます。その年の10月にクリス・アンダーソンの『MAKERS』という本が出ましたが,その同じ時期に我々は個人用の3Dプリンターを購入しました。個人用なので家に置いていましたら,元旦の日経流通新聞に出たり,NHKの「サイエンスZERO」に出演させていただいたり。その後も3Dプリンターは購入し続けて,メディアでご紹介していただけるような機会が増えていきました。

毛利 最初のころは,もうちょっと早い時期から3Dプリンターを個人で輸入して使っているような方がいたんですね。でも,その方たちは,3Dプリンターを作ることの方に興味があって,それを使ってものを作ることにはあまり興味がなかった。ものを作る情報をあまり発信していなかったわけです。私たちはものを作ることの方に興味がありましたので,どんどんものを作って発表したんですね。そうすると,やっぱりマスコミの方が話題にしてくださった。当時は,他

にものを作って発表している人が全然見つからなくて，私たちのところに来てくださったようです。

いまスライドに映っているのは小学生の長男と次男なんですけども，このように毎日造形するたびに，見入ってますね。下の次男は，できあがったら「あがったよー」とか，失敗したら「しっぱい！」と言ってくれる。上の子は，さすがにまだCADとかは教えていないんですけれども，いまインターネットで，造形のための3Dデータが無料でいろいろ公開されているので，それで自分の欲しいキャラクターを検索して，データを自分で処理して，この機械で作ったりしています。

では，何を家の中で作ってきたかというと，まずはじめにケース，iPhoneのケースですね。それから，眼鏡のフレームとか，なくした服のボタンとか，あとはベルトのバックルとかですね。これはエンジンブロックのミニチュア模型です。

2013年の11月に「東京デザイナーズウィーク」に招待で出展させていただいたときには，もうすべてダウンロードする時代だ，ものもダウンロードして自宅でまかなえるような時代になる，というテーマでやりました。これがそのときの様子ですが……。

これは子供さんをパンツ一丁にして，三次元スキャナで読み込んで，同じサイズのものをパーソナル3Dプリンターで，約200時間くらいかけて出力したところですね。

中村 3Dプリンターも複数台あるので，それらをすべて持ってきて展示をしていました。「モノは天から降ってくる」という題だったので，上から全部吊るして，盆栽みたいなものを入れてみたり，くまモンのケースやお弁当箱を作りました。

連日多くの人でにぎわっていたんですけれども，皆さん，3Dプリ

ンターっていうものの存在はご存じだけれども，実際に現物を目にして，動いてるところを見たことがある方はほとんどいないわけですね。たとえていうと，電子レンジが初めて出てきた時のような感じです。電子レンジってものについて，みんな名前は知っているけれども，その電子レンジで何ができるかっていうものがわからない。電子レンジを使っておいしい料理を作れますが，あなたならどういう料理を作りますか，という質問をしても，実際電子レンジを使ったことがないので，わかるはずもないんです。

　3Dプリンターもそれと同じで，使ったことがない人に「これで何を作りたいですか」って聞いても，わかるはずがないんです。ですから今は，専門家でも，みんなが欲しいものはまったくわからない，っていう状態なんです。

● ──── **創造性が炸裂する風景**
中村　そこで，2014年2月に，「あッ3Dプリンター屋だッ!!」というお店を作りました。どこに出そうかと考えた時に，日本の文化の中心地である中野ブロードウェイで出そうと思って（笑）。
毛利　皆さん，私は反対したんです（笑）。私も中野ブロードウェイっていうのは何回か来たことがありまして，本当にオタクとかポップカルチャーの中心地だっていうことは思ったんだけれども，昔のマニア向けのコレクターズ・アイテムが集まるような場所だってイメージがあったんですね。「ものづくりをしたい人」がホントにここに来るのかなってのが，すごく疑問だったんです。
中村　そうですね，反対しましたね。今は？
毛利　今？　今はもう，ここじゃなきゃって思ってますね！（笑）

[**図3**] らいおんパンの型を出力

(以下, 註記外, 画像提供＝東京メイカー)

[**図4**] 欠けた歯車を3Dプリンターで修理

中村 実際，皆さんがどういうものを作られているかといいますと，初めの方は，こういうイラストを3Dで出す，厚みをつけるっていう依頼が多かったんです。

　この方は昼間はソフトウェアのエンジニアなんですが，休日は料理教室を開いています。そこで何を作ったかというと，こういうパンの型を3Dプリンターで作ったんですね。これを使うと，こういう「らいおんパン」（[図3]）が作りやすくなるという。あとは歯車ですね。

毛利 この方は，ウォシュレットの水の出るノズルが動かなくなっちゃったらしいんですね。自分でバラしてみたら，歯車が一部欠けているために動かなくなった（[図4]）。直径20mm弱のちっちゃいものなんですけどね。普通に考えたらこんなパーツ，1個200円とかのはずなんですが，それをメーカーの方に問い合わせたら，ユニット交換になるので，修理代は全部で1万6千円くらいかかるって言われたそうなんですね。しかも，修理するために従業員も派遣するので派遣料もとられると。それは納得いかないってことで，こちらでなんとかデータをとって直

してくれないかって依頼だったんです。

中村 これ，実際に写真を撮って，そのままで図面になぞって，押し出しただけで作ったものなんですよね。

毛利 本来であればちゃんと計算して，モデリングするべき

[図5] 鉄道模型のモデリング「CAD鉄」

なんでしょうけれども，モデリングの担当者が，自分の経験から言うと，写真からデータを作っても大丈夫だと言うので。それではめてみたら，まあ滑らかに動いたということで。ただ私たちも，作ったものにどれだけの強度や耐久性があるかがわからないので，いちおう4個ほど，壊れたら交換してくださいってことで，お渡ししてます。

中村 実際に，上から写真撮ってやっただけのものなので，普通の個人の方でもIllustratorが使えれば，できるようなものなんです。

毛利 この方は鉄道オタクで，これを自分で作りたいがためにCADを覚えた（[図5]），という（笑）。

中村 明治の学生です。

毛利 「鉄オタ」とか「撮り鉄」って言葉ありますよね。私たちは新しいジャンルで「CAD鉄」って呼ぶんですけど（笑）。

中村 まあとにかくいろんな方がいろんなものを作りに来ます。中野ブロードウェイは，外国からの観光客の方がすごく多いので，そういった方もたくさんいらっしゃいます。

　いま僕らは毎週日曜日に，店舗内の3Dプリンターを一斉に動か

第7章　CGMから始まるイノベーション

[図6] 上下逆にしての3Dプリント

して,「P1グランプリ」っていうイベントをやっています。

毛利 ここで毎週,いろんな課題を与えて,その機械を同時に動かして,いろいろな勝負をしています。あの,3Dプリンターってひとくちに言っても,メーカーによって得意分野があったり,性能がまちまちだったりするんですよ。電器屋さんで買い物すると,一番いいとされるメーカーのオススメを買っちゃうと,実は自分が作りたいものにはまったく不向きなものを買わされてしまったり,ということがあるわけですね。毎週日曜日の2時から,生中継で配信してますので,よろしければ。

中村 これは,毛利さんの解説がいつも入っているんですよね。ところで,この人形はなんで逆さまに出力してるんですか？

毛利 これはPerfumeのあ〜ちゃんを造形しているところ（[図6]）なんですが,ごらんのとおり逆さまになってますね。ファンの方からは怒られるかもしれないんですが。3Dプリンターって,人形は立てた方が体のディテールをきれいに造形できるんです。ただし,足から造形していくと,この場合ハイヒールを履いていますし,手も下に伸びていくので,サポートがうまくとれなかったりだとか,壊れてしまったりするんです。このポーズを見ると,ちょうど逆さにすると,頭と肩にしかサポートがいらない。ただこのまま造形していくと,

3Dプリンター自身が持ってる熱で，うまく冷えなくて，造形が失敗してしまうんです。そのために後ろに2本，ダミーの柱を立てて，ヘッドが本体から離れるようにしてやると，きれいに造形できるんですね……とかちょっとマニアックな話をしながら，3Dプリンターを使いこなせるような工夫についても説明したりしてます。

[図7] CAD教室

中村 お店の方では，インターン生が無料のCAD教室を開いています（[図7]）。

毛利 これはさっきの「CAD鉄」の彼が社会人の方を相手にあれこれ教えているところです。教えるというか，わいわいがやがやとやっていますね。

中村 3ヵ月半やったんですけども，ここには何かあるんじゃないかと思っています。

● ─── **目的を決めないことが自由に作れること**

中村 最後に海外のことをちょっとだけ紹介して終わります。これ，3Dデータを作っているところですね。こちらは同じ3Dの，個人用のプリンターなんですけども，自分の腕を入れて何をしているかとい

[図8] 3Dプリンターによるタトゥー

うと，刺青を自分の腕に入れてるんです（[図8]）[*3]。これは3Dプリンターではないことなんですね。でも，パーソナルな3Dプリンターがなければこのアイデアは思いつかなかったでしょう。こういったものを「3Dプリンター的な」って意味で，「3D Printful」と名づけてみました。今，こういった動きが海外も含めて，日本も含めて，かなり起きています。

　もうひとつ紹介したいのが，これはアイドルがしているアイシャドウをウェブのページから色を持ってきて，その場で欲しい色を作る，という例です。これは，毛利さんからすれば，3Dプリンターではない？

毛利　ではないですね。調色機のようなものでしょう。

中村　でも，3Dプリンター，個人用の3Dプリンターができたからこそ思いついたアイデアだなと思っています。この後も，こうした「3D Printful」なものまで含めた動きを，僕ら東京メイカーは中野ブロードウェイで見ていきたいと思っています。

　あと，いま土日に，「123D」っていうフリーのソフトを使って，無料の講習会をインターン生で行っています。なぜインターン生かというと，インターン生でもできるということを証明するためでもある

[*3]　　　　Appropriate Audiences
　　　　　http://appropriateaudiences.net/

んですけどね。そして，その講習を受けた人は，そこで自由に次の「123D」，ないしは自分の好きなことをやっていい，っていうふうに進めるんです。どうしてそういうことをしてるかというと，そういう人たちにどんどん増殖していってほしいんですね。というか，ヘタに止めたくない。3Dプリンター屋としては，何を目的としてとかいうことはまったくないので。目的を決めないことが，自由に作れることなのかな，とは思っています。そのあたりの予定はFacebookで告知をしてるので，皆さんご覧になってください[*4]。どうもありがとうございました。

---

*4 ——— http://www.facebook.com/TokyoMaker

ディスカッション

著作権と創作の自由をめぐって
佐々木渉+ドミニク・チェン+毛利宣裕+中村翼+宮下芳明

● ─── **著作権についての感覚の変化**

宮下 さっきの3Dプリンター屋の話ですけど,結構ドキッとするような依頼もありそうですね。たとえば,ミッキーの弁当箱作ってくれ,とか。そういうケースはきっと,これからも増えてきそうですね。ドミニクさんから是非,コメントをいただきたいところです。

チェン 増えてきそうというのは本当ですね。僕は,クリプトンさんたちが証明したことって,ほかの企業も学んだ方がいいことだと思ってるんです。つまり,ディズニーにせよ任天堂にせよ,そういうことはむしろ奨励したほうがいいと思う。

ちょっとビジネスっぽいことを言うと,大きい企業ほど,コンプライアンスを守らなきゃいけないとか,キャラクターの権利処理をどうするとか,クリエイティブではないことを考えなきゃいけないので,逆にもっとストラテジックになった方がいい。ベンチャーだったら,普通に考えると,そういうことはもっと積極的に進めていこうと,思うんでしょう。法律に詳しい人がそういうところにすぐツッコんじゃう状況とか,逆にツッコまれるんじゃないかと萎縮しちゃう状況とかを,僕らは払拭したいと思っていて,そこが払拭できることが本当のゴ

ールかなと思っています。

宮下 「初音ミク」は，当初から先進的でしたよね。そういう事態も受け入れられるような戦略を採られたという印象を受けるんですけど。

佐々木 戦略というか，そういう感じではないんですけどね。「初音ミク」って，僕としては，結構おもちゃ感覚があるものというか，楽器でいえばトイピアノみたいなものだと思ってるんです。

「おもちゃの楽器」っていうカテゴリがあって，ちょっとメルヘンチックだったり，童話的な音楽を作る人たちがいるんですが，それはかっちりした音楽を，ピッチがきれいに調整されたグランドピアノで理論だてて作っていくというよりは，ちょっとピッチがずれててもいいから，音そのものを楽しむみたいなものですね。そういう文化が，たとえばフランスのトイポップや日本でも90年代の渋谷系の流れであって，僕はそういうのが結構好きだったのと，そもそもかっちりした音楽をやりたいって人は，このソフトにそんなに興味持たないかなという先入観がこちらにあったんですね。そこで緩く考えていたんですね。

宮下 ドミニクさんから何かあります？

チェン ひとつ佐々木さんにお聞きしたかったのが，先ほどスライドの中で，「初音ミク」は自由に作られるものだっていう認知が，ユーザーたちの中で醸成されたって書かれていたと思うんですけれども，そこに至るまでに工夫したこと，もしくはある瞬間からそういう空気が醸成されて，自由な雰囲気が生まれた，みたいなことがあったらぜひお聞きしたいんですが。

佐々木 感覚ですか……。「これ，楽しいじゃん」っていうことで，

引用したり盗んだり，自分の好きなものを組み合わせて作って，それをそのまま悪びれもせずにリリースしてしまうこと自体が，当時は……当時はっていうか今でもそうですが，犯罪的だったりするわけじゃないですか。そこの部分が，すごく複雑なんですよね。

　最近のニコニコ動画やpixivだと，どこをパクってるかとか，どこを引用してるかっていうところを厳しく見たりって流れもありますね。そういう引用したり何かを模倣したりする側面や，アイデアとして外部にあるものを自分に取り入れる側面に対する見方って，今はたくさんあると思うんです。自分と他者を対比して「あいつはパクってるけどおれはオリジナルだ」という時のニュアンスの違い，温度感の違いをクリエーター同士でぶつけてるようなところが，今日お話ししているそのちょうど裏側で起こっていて，それは面白い，というか時代が変わってきているなと思います。

● ─── **「これができるんだったら自分はこれができる」**
チェン　僕が「クリエイティブ・コモンズ」をやっている理由のひとつは，現状の社会だとダメっていう既成事実に疑問が投げかけられないのが嫌なんですよ。だったらそこをよりよく変えていこう，現行法に則った上で少し法律をハックする，みたいなニュアンスなんですよね。ここをこうすれば，自分たちの作りたい世界が作れるだろうと。それはもちろん，たとえば30年前に撮られた映画を，みんなダウンロードしていい世界を作ろうという話ではなくて，これから作り上げていくものに関しては，自由にお互い，それを望むクリエーターがいるんであれば，お互いでつくり合う，お互いの創造物の上にのっかって，模倣し合って，やっていくほうがいいんじゃないかと，

本質的には思ってるんです。

いま，なんとなく悪い話みたいな流れになっちゃっていますけど，クリエイションって本質的にはやっぱり模倣から始まると思うんですよ。そこからオリジナリティってものも生まれると思いますし。

ひとつのコミュニティだけじゃなくて，みなさんや僕たちが一緒に住んでる日本の文化が，どうやったら面白くなるのかっていう視点をベースに，じゃあ法律はこうした方がいいよねとか，経済システムはこうした方がいいよねっていう議論ができるといいと思うし，そういうふうにひとりひとりの意識が変わっていかないと，やっぱりよくないなと思っています。

そういう意味では，fabというか，3Dプリンターに僕はすごく興味があります。デジタルって，模倣しやすいしコピーしやすいし，操作もしやすいと思うんですけど，実際にできあがったものは，逆にもう勝手にパクっちゃいけないという意識が働きやすい。ユーザー同士のリミックスみたいなことが，どうやったら起こっていくんだろう，っていうのが僕のテーマで，それが起こった方が文化としての裾野が広がるのが早いだろうと僕は思うんです。

中村 うちの店で作ってもらったものって，本人の許可を得られたものは，お店にサンプルとして置かせてもらうこともあるんです。それは，それを見た人が「これができるんだったら自分はこれができる」と自由に発想してもらうためなんです。「初音ミク」に近いと言っていいのかわからないですけど，できあがったものを見て別なものを作るっていう相乗効果みたいなものですよね。それが今後どうなっていくかに，僕はすごく興味があります。さらに，それを作った3Dデータは，現在僕らが管理していますが，それも実は，作った

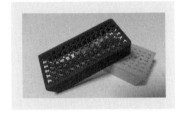

[図9] 3Dプリンターから出力したチェーンケース

人がよければ、公開してもいいんじゃないか。まだどこに問題が出てくるかわからないですけど、そういうふうにしていった方が新しいことが出てくると思っています。

あの3Dプリンター屋さんも、今後どういうふうに進んでいくのか、僕らもわかってないんです。来てくださったお客様が何を作りたいかっていうことによって、どういう方向にいくかが決まってくるというか。こちらで決めてしまうとそこでゴールが決まってしまうので、というようなお店ですね。

毛利 これは「チェーンケース」（「図9」）といって、3Dプリンターじゃないと作れないものです。これも一番最初のアイデアは、いわば借用です。アメリカで造形サービスをやっているところが、iPhoneケースにチェーン状のものをつけて出しているんですね。それは本来パウダー造形という業務用の機械じゃないと作れない。でも、パーソナルでも作れるんじゃないの、と思いついて、僕はあまりモデリングが得意じゃないので、そのへんに転がってるチェーンと、iPhoneのデータをダウンロードして、それを自分で切り貼りして作ったんです。パーソナルでもこれはできますよ、ってのを証明したくて。なんかこの、0から1を作るのはちょっと難しくても、あるもの同士を足してものを作るのは、わりとできるのかなあ、と。

● ─── ユーザー・コミュニケーションの場

宮下 じゃあ，ここで少しフロアから質問をいただきましょう。

── 今日は面白いお話を聞けて，すごく興奮してます。登壇者の方全員に対する質問になってしまうのですが，先ほどお話しされていた中で，東京メイカーさんのお店でお客さんが作ったサンプルを見て，別のお客さんがそれに触発されたようなケースがあった，というお話がありました。たとえば，「初音ミク」が最初，クリエーター側と，それを聴いている側の関係だけだったとしたら，たぶんこういう状況にはなっていないと思うんですね。ユーザーどうしが作品を通じて交流をして，ユーザーとクリエーターの境目があいまいになっていたからこそ，ミクっていう，あるいはVOCALOIDというムーブメントがここまでの規模になったと思います。現在3Dプリンターの界隈において，モノを作っているユーザー同士がコミュニケートできるような場所とか機会を作っている人がいるのか，ということをお聞きしたいと思います。

毛利 そういったユーザーさん同士が集まるところはいっぱいあります。ただそれは，いっぱいありすぎて，細かくて，すごくわかりにくいんですね。たとえば3Dプリンターを発売しているところがそこのユーザー向けに作ったりとか，Facebookで個人が作ったりだとか，本当にバラバラなんですね。なので，最初にユーザー側がどこを探すか，どこに行くかによって，やれることが全然変わってくるんです。そこがまとめきれてないというか，そこがちょっと今難しい問題で，僕もどうしたらいいのかなって悩んでいるところですね。

中村 僕らがお店を作った理由としては，ひとつ，そういったコミュニケーションの場所を，実質的に作ろうという気持ちがありました

ね。ウェブだけでは限界があるし，実際に会わないとできないコミュニケーションみたいなものが確実に必要なので。そうじゃないと進化していかないというか，自分がやろうとしていることも見えてこない気がするんですね。そういう意味では，あのお店は，実際に自分が探そうと思って見つけられない人に出会えるというか，偶然性が高いお店なんです。

中野ブロードウェイって，上の階だと，なんというか，オタク寄りの人になってしまうんですけど，僕らのお店は地下にあるので，一般の主婦の方だったり，女子高生の方だったりとか，かたやそういうマニアの方も来る。本当に多種多様な方が来られて，そこで偶然会った者どうしで話し合うってことが今徐々にできてる，と肌で感じますね。

チェン ウォッチャーの立場から言うと，本当にいろいろなコミュニティがありますよね。ちゃんとしたお店もあれば，ただみんなのものを集めているだけのところとか。

状況としては，3Dプリンター系に限らず，画像だと今ならpixivとかニコニコ静画がありますね，そういう集約的なプラットフォームやサービスが，今は乱立状態になっていますけど，今後どこか大きなところに集約していくということが考えられますし，自分としてはちょっとそこにビジネスチャンスを感じたりもしています。

ただ，いま中村さんがおっしゃったように，それは「もの」なので，物理的にそれを見て，エモーションを喚起されて，周りにクチコミで広がっていくっていう点だけは特殊ですよね。ウェブだけ，というのとは全然違うやり方をしなきゃいけないっていうのは，本当にそのとおりだと思います。

佐々木　僕も答えていい話なのかどうかちょっと微妙ですけど，少し変な話をさせていただきますね。

7年間，ニコニコ動画の「初音ミク」にまつわるムーブメントを見ていても，みんなで集まって何をしよう，という目標があるとしたら，それは進化というか，全員で自分たちのスキルを上げていって，それでよりよいもの，より新しいものを作っていこうっていう考え方になりますよね。VOCALOIDに隣接している「歌ってみた」みたいなカルチャーの中だと，そういうものがひしめき合う中で，ある表現に異様な人気が集中した時に，それに対するやっかみや，いろいろな反作用が起こってくる。さっきの話と似てきますが，「こいつなんか違法なソフト，コピーしてんじゃん」みたいな，音楽のクリエイティブと全然関係ないところで，一般常識的な意味で引きずり降ろされるみたいなことも，よくあると聞いています。

インターネットでのデジタルな新しい試みはけっこう飽和している感じもあって、より新しいことをするためには、いろいろな意識の変化や場合によってハードウェアの設備が必要だと思いますが、それでもネットのクリエイターは皆がバラバラに動くので、飽和してどこかで頭打ちになるのでしょう。だから皆で成し遂げた成功体験に対する意識そのものを見直す必要が出てくることもあります。たとえば大きな成功を収めている任天堂さんが、ファンの愛情の熱量の価値を算出し、ファンアートの価値と権利を認めて、マリオのコピーや派生展開について寛大になろうとすると、社内の規程や意識、いろいろなバランスを変えないといけなくなって、すごくコストがかかるし関係者も多くなる。そういうシステムが変化する時のコストの問題と、新しい創作システムや権利体系やハードウェアを開拓していく

ニーズがどう関係しているのか、みたいなことに関心がありますね。文化は誰が作ったのか、引き継いで作っていくのか、これは、なかなか深刻な問題だと思いますね。

宮下 ありがとうございます。僕もちょっとだけしゃべると，現在COI-Tに関わってるメンバーを中心として，gitFAB（http://gitfab.org）というウェブサイト（現在の新名称はfabble）とか，fabnavi（http://fabnavi.org）っていうシステムなどを統合した共創プラットフォームをデザインするプロジェクトを進めています。今はさっきのお話のとおり，そういったものが乱立している戦国時代なんですけど，その中で本当に必要な枠組みを，そのプロジェクトの中でも提供したいと考えています。

あとがき

　ふだんから，同僚や研究者たちと，IoT（Internet of Things）や技術的特異点など，きたる未来についての議論をする機会が多くあります。そこでは，「物質をダウンロードする」とか，「情報を触る」とか，物質と情報をほぼ同一に扱ったり，「人間の創造性」と「機械の創造性」を対立させたり，テレポーテーションやタイムマシンといった架空のものでたとえたり，おそらく一般の人が言葉尻だけ聞きかじったら，頭がおかしいんじゃないかと不安になるような討論をしています。しかし，本書を最後まで読んでくださった方なら，ここで話されていることの意味を感じ取ってくださると思いますし，喜んでこのディスカッションにお迎えすることができるでしょう。

　お気づきのとおり，本書で簡単にざっくりと話してきたことがらにも，二重，三重のどんでん返しがあります。話をすっきりさせるためにあえて避けてきた話題もあります。たとえば，表現のための支援システムも，ものによってはその表現の幅を狭め，人間の創造性を縮退させてしまう，あるいは，本質的な創造行為を人間ではなく機械にゆだねる設計をしてしまうリスクがあります。受動的消費者が創造的生活者に変容していく状況に対して，企業や社会がどのように向き合っていくべきかという課題もあります。また，これらのメディア技術で私たちは何を実現すべきか，という問題があります。インターネットももとは軍事技術として開発推進されてきた経緯がありますし，ARや3Dプリンターですら軍事応用が研究されているのが実情です。技術開発だけでなく，その危険性やあるべき姿について考察する必要もあるのです。

本書をきっかけに、ここで取り扱ったメディア技術に興味を抱いてくれた読者の皆さんには、ぜひこうした議論へも積極的に参加していただきたいと願っています。そこで、こうした議論が活発に行われていて皆さんにも気軽に参加してもらえる場を紹介させていただきたいと思います。

　私の所属する明治大学 総合数理学部　先端メディアサイエンス学科は、コンピュータをメディアととらえて、人間を中心によりよくデザインするにはどうしたらよいかを探求する学科として設立されました。その研究活動・教育活動の成果として、シンポジウムや発表会など多くのイベントを開催しています。高校生でも社会人の方でも、誰でも参加可能なので、ぜひ足を運んで、最先端のさまざまな技術や考えに触れていただきたいと思っています。創造的生活者という言葉を発案された原島博先生による公開講座「先端メディアサイエンス特別講義」は特に人気があります。2章で紹介したVOCALOID楽曲視聴サイト「Songrium」等は、コンテンツ共生社会のためのプロジェクトOngaCRESTによるものです。私も参加していますが、今後のさらなる成果にご注目ください。また、本書の中でも少し紹介したCOI-Tプロジェクト「感性に基づく個別化循環型社会の創造」は、より大きなCOIプロジェクト「感性とデジタル製造を直結し、生活者の創造性を拡張するファブ地球社会創造拠点」として採択され、パーソナル・ファブリケーションの実現された社会、創造的生活者による社会の実現を目指すべく、多様な活動を行っています。パーソナル・ファブリケーションというキーワードに興味を抱いてもらった読者には、ここから来たるべき新しい社会のかたちが見えてくるだろうと思います。

加えて本書の読者となった皆さんにぜひ知っておいてほしいのが，「ニコニコ学会β」です。これは，プロ・アマにかかわらず，誰もが研究活動に関わる「ユーザー参加型研究」を掲げた新しい学会です。表現活動がアーティストだけのものでないのと同様に，研究活動も研究者だけのものではないはずです。そうした「民主化」を促す場としての期待を感じて，私も積極的に参加しています（http://youtu.be/9BsbYrLlkn0 ）。インターネット上で発表を視聴することができますので，ぜひウェブサイト（http://niconicogakkai.jp/）をのぞいてみてください。

　さて，ようやくこの本も終わりに近づいてきましたが，思い返せば，本書をまとめるにあたってつらかったこともたくさんあります。本を書くというのは，いわば全力で走っている最中に立ち止まって後ろを振り返る作業で，そのこと自体が思いのほか苦痛に感じられました。執筆を始めたのが先端メディアサイエンス学科を立ち上げているときだったので，なおさらかもしれません。また，単著で紙の本を出すのは初めてということもあり，それにも少し抵抗がありました。あとから訂正や補足ができるデジタルメディアに慣れ親しみすぎたためかもしれません。そして，ここで取り上げているコンテンツにせよ，メディア技術にせよ，あるいは研究にせよ，そのほとんどが「見ないとわからない」「体験しないとわからない」ものばかりだったため，文章で表現するのにかなり手こずりました。学会発表や授業で，いかに自分が映像やデモに頼ってばかりいたのかを痛感しました。それでもなんとか本書をかたちにすることができたのは，多くの方々の支援があったからです。

本書の大部分は，これまで明治大学で行ってきた「ディジタルコンテンツ概論」「コンテンツ・エンタテインメント概論」をベースとしています。いわば授業もユーザー参加型の形態をとっていて，宮下研究室の学生・院生が講演してくれたこともありました。本書のN次創作についての事例は，松野祐典氏が調査してくれたものです。本書の味覚メディアについては，今やこの分野の第一人者でもある中村裕美氏によるサーベイがもととなっています。この場を借りて，主体的な参加で授業をもりあげてくれたすべての学生・院生に感謝します。また，この授業内容を文章化するにあたって，友人の海沼賢氏に助けてもらい，書籍の全体像構築にも貢献してもらいました。最終章でのパネル・ディスカッションのパネラーである，佐々木渉氏，ドミニク・チェン氏，毛利宣裕氏，中村翼氏にも感謝いたします。まさにこのメンバーでないと紡ぎ出せない議論だったと感じています。

　これまで論文しか書いてこなかったため，CGMやN次創作を扱う本を執筆するにあたって，引用する図版などの扱い方が正直よくわからず困っていたのですが，明治大学出版会の調査とサポートによってかたちにすることができました。著作権については，本書を執筆している時点でも常に変化しています。2014年10月には，イギリスでの著作権法において，パロディ作品やマッシュアップ作品が合法化される改正が行われました。著作権とCGMの関わり方については，さまざまな議論があり難しい問題ですが，人々の表現を妨げる法的な障壁に関しては，ゆらぎながらも徐々に緩和されてほしいと思います。

　恥ずかしながら告白しますと，この本を書くことになったのは

2012年でした。遅筆であるのに加え，口語調と論文調の文体が混在したり，突然専門用語が飛び出してきたり，その一方で必要な説明が抜けてしまったりと，読み手にやさしく，という本来の目的から逸脱しかけたこともあり，その修正に時間を要しました。このチェックに多大な労力をかけてくださったのが，明治大学出版会の須川善行氏です。もし読者が最後まで本書を読みきることができたのだとしたら，それはひとえに須川氏による貢献だと思っています。多くのご迷惑をおかけして申し訳ないと思うとともに，完成まで導いていただいて本当に感謝しています。

　そして最後になりましたが，本書でとりあげさせていただいた多くのコンテンツやメディア技術，研究成果に関わられたすべての方々に，最大の敬意を表したいと思います。

　本書は多くの人たちに支えられ，多くの人たちの共創によって生まれたものだと思っています。それに対する感謝と，そもそもこの本の執筆動機が金銭的利益でないことを考え，本年1月に，最後のわがままとして，本書の出版契約書の修正をお願いしました。それは，記載されている著作物利用許諾料，すなわち印税を，0％にしてほしいというものです。このわがままに対応いただいた明治大学出版会に心から感謝申し上げます。

　「表現の民主化という思想」が少しでも多くの人々に受け入れられ，少しでも多くの人たちを幸せにできる未来が引きよせられるよう願っています。

2015年2月
宮下 芳明

索引

数字

123D 131, *132*, 133-4, 182-3
3DCG 7, 11, 38, 47-57, 58, 78, 86, 118, 131, 155
3D小説 129
3Dプリンター .... i, iii, 4, 122, 131, 132, 133-4, 136-7, 145, 147, 152, 169, 174-84, *182*, 187-90, *188*
4K 39
8K 39

A–E

ActiveClick 85
Adobe Flash 47
Adobe Photoshop 44-5, 173, 185
AIREAL 86
Alto 117
AR → Alternate Reality
ARG → 代替現実ゲーム（Alternate Reality Game）
ARPA → Advanced Research Projects Agency
Augmented Reality 96, 112
Autodesk 52, 131
Auto-Tune 27
「Bad Apple!!」 5-6, *6*, *8-10*, 10-1, *12*, 56
「bell」 129
BOT & DOLLY 65, *65*
CAD → Computer Aided Design
Capsule 34
CCD → Charge Coupled Device
CCライセンス 166-7, 170-1
CGM → Comsumer Generated Media
Charge Coupled Device 38
CMOS → Complementary Metal Oxide Semiconductor
commonsphere 167
Complementary Metal Oxide Semiconductor 38
Computer Aided Design 110, 131-2, 148, 176, 179, *179*, 181
Consumer Generated Media .... ii-iii, 4-5, 12-5, 24, 30-1, 33-4, 75, 80, 134, 137, 139, 142, 151, 153-4, 172, 196
「CreationKit」 76
DeskTop Music 24
Disney Research 86, 90
「Displacements」 68
dots per inch 38
dpi → dots per inch
DTM → DeskTop Music
EC → Entertainment Computing
『The Elder Scrolls V: Skyrim』 76
Electrostatic Vibration 90, *91*
Entertainment Computing 72

F–J

fabble 192
fabnavi 192

Facebook ················· 40, 43, 183, 189	Kinect ·· 87
「FACE HACKING」·················· 69, *69*	「Lat式」 ···································· 160
「Falskaar」 ···························· 76, 77	Leap Motion ································ 87
FDM → Fused Deposition Modeling	Lisa ·· 117
First Person Shooter → ファースト・パースン・シューティング・ゲーム	「Living Room」 ························ *67*, 68
	Macintosh ································ 117
flickr ································ 166, 170	『MAKERS』 ······························· 173
foursquare ································ 127	「Massh!」·································· 34, *35*
FPS → ファースト・パースン・シューティング・ゲーム	「MEIKO」································· 154
	Memex ······························· 113, 138
fps → frames per second	Meshmixer ································ 134
frames per second ························ 46	Meta Cookie ······························· 96
Fused Deposition Modeling ··········· 175	「Mikulus」··································· 80
gitFAB ···································· 192	「Miku Miku Akushu」················ *80*, 81
GitHub ···································· 170	「MikuMikuDance」 ···················· *12*, 53
Global Positioning System ······· 123, 126	Mr. Beam ······························ *67*, 68
Google Glass ······························ 112	MMD →「MikuMikuDance」
GPS → Global Positioning System	MOD → Modification
GPU → Graphics Processing Unit	Modification ······················· 75-7, *77*
Graphical User Interface······ 108-10, 113, 116	NLS → oN-Line System
Graphics Processing Unit ················ 55	Novint Falcon ····························· 87
GUI → Graphical User Interface	Nyan Cat ······························· 12, 13
HCI → Human-Computer Interaction	NuFormer ······························ 63, *64*
HMD → ヘッドマウントディスプレイ	N次創作 ············· ii, 5, 11, 133, 134, 195
Hololens ·································· 112	「OcuFes」··································· 80
Human-Computer Interaction ········· 72-3	Oculus Rift ···················· 43, *43*, 80, 112
「IllumiRoom」 ························· 72, *73*	OLPC → One Laptop per Child
inFORM···································· 72, *74*	One Laptop per Child ·················· 118
Ingress································· 124, *125*	oN-Line System ························ 114-5
Instagram································· 143	
iPad ······ 20, *21*, 23, 118, 132, *134*, 135, 147	## P–T
iPhone ···························· 118, 176, 188	Perfume ····················· 13, *14*, 69, 180
	Photoshop → Adobe Photoshop
## K–O	Photoshop Express Editor ·············· 45
「KAITO」································· 154	pixiv ···························· 155-6, 186, 190

Printed Electronics → プリンテッド・エレクトロニクス
「Project DIVA」 ………………………… 160
PV → プロモーションビデオ
R-MIX Tab ……………………………… 20, *21*
「RPGツクール」 ………………………… 75
Sensorama …………………………… 101–2, *101*
Serendipity ……………………………… 126
Shapeways ……………………………… 134
SIGGRAPH ……………………… 44, 57–8, 72
Songrium ……………………………… 31, *32*, 194
soundcloud ……………………………… 166
「Spending all my time」 ……………………… 69
SPIDAR ………………………………… 87, *88*
Spotify …………………………………… 126
SR → 代替現実
Straw–like User Interface ………………… 97
supercell ………………………………… 155
TED ……………………………………… 166
TeslaTouch → Electrostatic Vibration
Thermoesthesia ………………………… 89
Thermoscore …………………………… 89
Thermo-Tracer ………………………… 89
THETA ………………………………… 41–2, *42*
Thingiverse ……………………………… 133, *133*

U–Z

UGC → User Generated Content
Unity ……………………… 4, 78–80, *79*, 88
『UQ　HOLDER!』 ……………………… 168
User Generated Content ………………… 4
Ustream ………………………………… 143
UTAU …………………………………… 28
UX → ユーザエクスペリエンス
vimeo …………………………………… 166
Vine ……………………………………… 143
Virtual Reality → バーチャルリアリティ
Visual Haptics ………………………… 91
VocaListener …………………………… 29
VOCALOID ………… 24, *25*, 26–32, 154–5, 157, 159, 162–3, 189, 191, 194
VR → バーチャルリアリティ
「WHY SO SERIOUS?」 ………………… 128
Wikipedia ……………………… 4, 166, 170
Windows ……………………… 108, 112, 132
X-Yプロッタ・ディスプレイ ……………… 110
yeggi …………………………………… 134
YouTube ……………… 70, 150, 160, 166

あ

青空文庫 ………………………………… 165
赤松健 …………………………………… 168
「アセットストア」 ……………………… 79
あッ 3Dプリンター屋だッ!! …………… 152, 177
アンダーソン, クリス …………………… 175
イエロー・マジック・オーケストラ ……… 27
イコライザー …………………………… 20
イノベーション ……… iii, 131, 135–9, 142, 147
岩井俊雄 ………………………………… 149
インタフェース …… ii, *25*, 32, *35*, 72, *74*, 76, *78*, 106–10, 114, 117, 119, 123, 125, 127, 132, 134, 135
ウェアラブルコンピューティング ………… 118
エジソン, トーマス ……………………… 45
エンゲルバート, ダグラス …… 113–5, *114*, 138
オープンソース ………………………… 170
小川進 …………………………………… 138
音響彫刻 ………………………………… 158

か

- 香りプロジェクタ ……………………… *103*, 104
- 拡張現実 ………………… 96, 112, 126, 129
- 仮想世界 ………… 122-3, 127, 129, 131, 139
- カメラワーク ……………………………… 53
- 川上量生 ………………………………… 169
- 河端ジュン一 …………………………… 129
- 基本味 …………………………………… 93-4
- キャラみん Studio ………………………… 53
- 共創プラットフォーム ……………… 148, 192
- 空中触覚タッチパネル ……………… 86, *87*
- 空中超音波触覚ディスプレイ …………… 86
- クックパッド ……………………………… 4, 148
- クラウドソーシング ………………………… 3
- クラウドファンディング …………………… 3
- クラフトワーク …………………………… 27
- クリエイティブ・コモンズ ………… 163-7, 186
- クリプトン・フューチャー・メディア …… 26, 153
- ケイ, アラン ………… 116-8, *116-7*, 138, 146-7
- ゲームエンジン ………………… 4, 78, *79*, 81
- ケリー・ジュニア, ジョン・ラリー …………… 25
- 河野裕 …………………………………… 129
- 小玉秀男 ………………………………… 131
- コマ撮り …………………………………… 9, *9*
- コミケ → コミックマーケット
- コミックマーケット ……………………… 14, 168
- 「コロニーな生活 ☆PLUS」 ……………… 124
- 近藤義仁 ………………………………… 81

さ

- 佐賀県立鳥栖商業高等学校情報処理部 … 70
- 佐々木渉 ……………………………… iv, 149, 151
- サザランド, アイバン・エドワード ……… 110, *111*, 112-3, *113*, 117
- サラウンド音響 …………………………… 19
- ザンピーニ, マッシミリアーノ …………… 97
- サンプラー ……………………………… 24, 33
- サンプリング周波数 ……………………… 18
- 「サンプリング書道」 ………………… 144-5, *144*
- シェイプトゥイーン ……………………… 47
- ジオキャッシング ………………………… 123
- 実世界指向コンピューティング ………… 119
- 受動的消費者 ………………… 137-8, 148, 193
- 「主婦ゆにっ!」…………………………… 80
- ジョブズ, スティーブ …………………… 117
- 人力VOCALOID ………………………… 28
- スーパー GT …………………………… 160
- スケッチパッド ………………… 110-1, *111*, 117
- スポットライト …………………………… 54
- スムースシェーディング ……………… 49, 55, 56
- すれ違い通信 …………………………… 123
- 「ゼルダの伝説 風のタクト」 ……………… 56
- 創造的生活者 ………… 138, 147, 152, 193-4
- 惣領冬実 ………………………………… 167
- ソリッドモデル …………………………… 131

た

- 代替現実(Substitutional Reality) … 129, *130*
- 代替現実ゲーム(Alternate Reality Game) ……………………………………… 128-9
- ダイナブック ………… 116-8, *117*, 138, 147
- 武田双雲 ………………………………… 149
- ダフト・パンク …………………………… 34
- 「団地ともお」 …………………………… 56
- タンジブルインタフェース ……………… 119
- タンジブル・メディアグループ …………… 72
- 『チェーザレ 破壊の創造者』 …………… 167
- チェン, ドミニク ……………… 152, 164, 196
- ディスタントライト ……………………… 54
- テクスチャマッピング …………………… 50

デジタルミシン ………………………… 134
デュアル・ライセンス ………………… 170
電気味覚 …………………………… 97-8, *98*
トゥイーンアニメーション …………………… 47
トゥーンシェーディング ……………… 55-7, *56*
東京メイカー …………… 152, 174-5, 182, 189
同人マーク ……………………………… 167-8
導電性インク ……………………… 134, *135*
徳井直生 …………………………………… 34
独立行政法人 産業技術総合研究所 …… 31
都甲潔 ……………………………………… 95
「ドラゴンクエスト8」 ………………………… 56
ドラムマシン ……………………… 21, *22*, 23
トロンプルイユ …………………… 59-60, 130

な

中村翼 ……………………………… 152, 196
中村裕美 ……………………… 97, *98*, 196
ニコニコ動画 ……… ii, 5, 7, 12, 26-7, 30-1,
 33, 70, 75, 80, 148, 155-6, 161, 186, 191
「二ノ国」 …………………………………… 56
ネイマーク、マイケル ………………………… 68
ネットワークコンピュータ ………………… 113
「ねんどろいど」 ……………………………… 160
ノイズ・ミュージック ……………………… 158
ノラ音漏れ ………………………………… 126

は

パーソナルコンピュータ …………… 116, 118
パーソナル・ファブリケーション … 136-8, 146, 194
バーチャルリアリティ ………… 42, 101, 110
パーティクル ……………………… 57-8, *57*
ハイパーテキスト …………………… 113, 115
ハイレゾ音源 ……………………………… 19
橋本悠希 …………………………………… 97
「はちゅねミク」 …………………………… 160
初音ミク ………… iii, 3, 26-8, 29-1, 80-1,
 80, 139, 142, 149-51, *150*, 153-63, 166,
 171-72, 185, 187, 189, 191
「初音ミクAppend」 ……………………… 159
ハプティクス ……………………………… 84-5
パブリック・ドメイン …………………… 165
濱野智史 …………………………………… 5
ピアノロール ……………………… 21, *22*, 24
ピアプロ ……………………………… 155, 166
ピアプロ・キャラクター・ライセンス ……… 166
ビースティ・ボーイズ ………………………… 34
光造形 ……………………………… 131, 174
ピクサー・アニメーション・スタジオ ……… 48
『ヒックとドラゴン』 ………………… 66, *67*
平野友康 ………………………………… 149
ファースト・パーソン・シューティング・ゲーム
 ……………………………………… 75, 79, 81
ファブ社会 ……………………………… 169
フーリエ変換 ……………………………… 19
藤井直敬 ………………………………… 129
藤田咲 ……………………… 26, 159, 171
ブッシュ、バネバー ………………… 113, 138
フラットシェーディング ……………………… 55
『フリーカルチャーをつくるためのガイドブック』
 ……………………………………………… 163
プリンテッド・エレクトロニクス ………… 134
プルダウンメニュー ……………………… 108
プロジェクションマッピング …… 38, 59-63, *64*,
 65-6, 68-73, *69*, *71*, 130
プロモーションビデオ …… 6-7, *6*, *8-9*, 9, 30
フレームアニメーション ………………… 46-7
フレームレート …………………………… 46
粉末造形 ………………………………… 172

ヘッドマウントディスプレイ …… 42-3, *43*, 80, 96, 102, 112, *113*
ペルチェ素子 ………………… 88-90, 102
ペルチェ効果 ……………………………… 88
ポインティングデバイス ………………… 108
ポイントライト …………………………… 53
ボーカルシンセサイザー …………… 24, 27-8
ボーン …………………………… 51-3, *51*
ぽかりす → VocaListener
ボカロP ……………………………………… 27
ボカロ耳 …………………………………… 27
「ボクらの太陽」 ………………………… 124
ボコーダー ………………………………… 27
ポリゴン ……………………… 48, *49*, 57

ま
マイブリッジ，エドワード ……………… 45
「マインクラフト」 ……………………… 75
マッシュアップ ………… 33-4, *35*, 134, 196
「ミクダヨー」 …………………………… 160
水口哲也 ………………………………… 149
味蕾 ……………………………… 92-3, 98
ミリングマシン ………………………… 134
モーションキャプチャ ………………… 13, 29
モーショントゥイーン …………………… 47
モーショントレース ……………………… 11
毛利宣裕 …………………………… 152, 196
モデリング ……… 7, 48-50, *49*, 53, 57-8, 80, 131-2, 134, 148, 179, *179*, 188
モバイルコンピューティング …………… 118

や
柳田康幸 ………………………………… 103
ユーザーイノベーション ………………… 138
ユーザーエクスペリエンス ……………… 74
ユビキタスコンピューティング ………… 118
吉幾三 ………………………………… 33-4

ら
ライティング …………………………… 53-4
ライトペン ……………………………… 110
リアルタイムレンダリング ……………… 55
リアル脱出ゲーム ……………………… 129
理化学研究所 …………………………… 129
リミックス ……………………… 33, 165-6
量子化ビット数 …………………………… 19
レイトレーシング法 ……………………… 54
レーザーカッター ……………………… 134
レンダリング …………………………… 54-5
ロボ声 ……………………………………… 27

わ
渡邊恵太 …………………………………… 91
「われわれが思考するごとく」 ………… 113

宮下芳明(みやした・ほうめい)

1976年イタリア国フィレンツェ生まれ。明治大学総合数理学部教授。千葉大学にて画像工学，富山大学大学院にて音楽教育を専攻，北陸先端科学技術大学院大学にて博士号（知識科学）取得，優秀修了者賞受賞。2007年度より明治大学理工学部に着任。2013年度より総合数理学部先端メディアサイエンス学科に移籍，現在に至る。

明治大学リバティブックス
コンテンツは民主化をめざす
――表現のためのメディア技術

2015年3月20日　初版発行
2021年9月28日　初版第2刷発行

著者 ………………宮下芳明
発行所 ……………明治大学出版会
　　　　　　　　　〒101-8301
　　　　　　　　　東京都千代田区神田駿河台1-1
　　　　　　　　　電話　03-3296-4282
　　　　　　　　　http://www.meiji.ac.jp/press/
発売所 ……………丸善出版株式会社
　　　　　　　　　〒101-0051
　　　　　　　　　東京都千代田区神田神保町2-17
　　　　　　　　　電話　03-3512-3256
　　　　　　　　　http://pub.maruzen.co.jp/
ブックデザイン………中垣信夫+中垣具
印刷・製本…………シナノ印刷株式会社

ISBN 978-4-906811-12-0 C0040
＊本書に掲載した図版は，著作権法第32条の規定に基づいて使用しております。
©2015 H. Miyashita
Printed in Japan

新装版〈明治大学リバティブックス〉刊行にあたって

教養主義がかつての力を失っている。

悠然たる知識への敬意がうすれ,

精神や文化ということばにも

確かな現実感が得難くなっているとも言われる。

情報の電子化が進み,書物による読書にも

大きな変革の波が寄せている。

ノウハウや気晴らしを追い求めるばかりではない,

人間の本源的な知識欲を満たす

教養とは何かを再考するべきときである。

明治大学出版会は,明治30年から昭和30年代まで存在した

明治大学出版部の半世紀以上の沈黙ののち,

2011年に新たな理念と名のもとに創設された。

刊行物の要に据えた叢書〈明治大学リバティブックス〉は,

大学人の研究成果を広く読まれるべき教養書にして世に送るという,

現出版会創設時来の理念を形にしたものである。

明治大学出版会は,現代世界の未曾有の変化に真摯に向きあいつつ,

創刊理念をもとに新時代にふさわしい教養を模索しながら

本叢書を充実させていく決意を,

新装版〈リバティブックス〉刊行によって表明する。

2013年12月
明治大学出版会